Schrader-Motor-Chronik

Motorradzubehör von gestern

Von den 20er bis zu den 60er Jahren

In wenigen Minuten....
ist die Reifenpanne behoben, weil durch die auswechselbare
Pränafa
MOTORRAD-BREMSNABE
mit Steckachse
(Patent Landgrebe Nr. 287848)
das Herausnehmen des Rades eine Augenblickssache ist.
PRÄNAFA-WERKE
ENGELS & CO.
GRÄFRATH-SOLINGEN

Schrader-Motor-Chronik

Motorradzubehör von gestern

Von den 20er bis zu den 60er Jahren

Eine Dokumentation von Halwart Schrader

Schrader Verlag

Die überwiegende Zahl der Originale der in diesem Band enthaltenen Abbildungen stellte freundlicherweise Klaus Vollmar vom WK Verlag, Bad Salzuflen, zur Verfügung.

ISBN 3-613-87168-8

Ein Unternehmen der Paul Pietsch Verlage GmbH + Co
1. Auflage 1997

Lektorat: Halwart Schrader
Innengestaltung: Katharina Jüssen
Repro: Repro Schmid, Stuttgart
Druck: Gulde-Druck GmbH, Tübingen
Bindung: K. Dieringer, Gerlingen
Printed in Germany

Continental
Continental
Continental
LB-Reifen
bewährt und viel begehrt. Gute Straßen-
lage und Spurhaltung, sicheres Fahrgefühl.
LB wurde von uns für Ihre Sicherheit geschaffen.
Rillen-Reifen
der Reifen
für das Vorderrad der Sportmaschine
Gelände-Sport
der Reifen für
schwieriges Gelände-siegreich
in vielen Zuverlässigkeits-Fahrten.

Inhalt

Gute alte Zeit?

Ob Auto oder Motorrad: Nur in seltenen Fällen verstand sich in den zwanziger Jahren der vom Hersteller genannte Verkaufspreis für ein komplett ausgerüstetes Fahrzeug. Für vieles, was wir heute als selbstverständlich erachten, waren Aufpreise zu zahlen, beim Motorrad etwa für Beleuchtung, Tachometer und Soziussattel, selbstverständlich auch für einen Gepäckhalter oder für Packtaschen. Da man als Besitzer eines motorisierten Zweirades aber den Wunsch hatte, es mit einigen nützlichen oder sogar betriebswichtigen Accessoires auszustatten, sah man sich genötigt, derlei Dinge hinzuzukaufen, und der Motorradhändler hielt für seine Kunden ein dementsprechend breites Zubehörsortiment parat.
Einst war es aber auch gang und gäbe, eine ältere Maschine aufzurüsten und durch neue Zubehöre zu modernisieren. Der Fachhandel bot zu diesem Zweck jede Menge Ausrüstungsteile an, die nicht nur Werkstätten, sondern auch Privatleute erwarben, etwa neu entwickelte Sättel, »modernere« Tanks, effektvolle Hinterradfederungen, Federgabeln, Schalldämpfer oder elektrische Hupen.
Hinzu kam die Fülle der von den Herstellerwerken, aber auch von anderen Produzenten offerierten Ersatzteile wie Ketten, Vergaser, Bremsen oder Bowdenzüge. Auch für sie wurde fleißig Werbung betrieben, ebenso für spezielle Motorradfahrer-Bekleidung, für Schutzscheiben, Schmierstoffe und Reifen.
War es eine »gute« alte Zeit, in der es noch keinen Sturzhelmzwang, keine Blinker, aber auch kein behördlich vorgeschriebenes Stoplicht und erst recht keine Scheibenbremse im Vorderrad gab? Die Nostalgiker unter uns beantworten diese Frage zweifellos mit Ja. Und gerade für sie ist ja auch dieses Buch entstanden.
Auch der Fachhandel unserer Zeit bietet ein umfangreiches Zweiradzubehör-Sortiment an, das wohl größer ist als je zuvor, denn die Benutzung eines Motorrades hat sich von der einstigen Transportnotwendigkeit zum Freizeitkult gewandelt, für den der Ambitionierte viel Geld auszugeben bereit ist. Allein das Tuning kann Unsummen verschlingen.
Im Vergleich zu früher aber erhält der Kunde, wenn er eine Serienmaschine erwirbt, heute ein komplett ausgestattetes Fahrzeug, sogar mit Hupe, Blinkern und Stoplicht – und die Notwendigkeit nachträglichen Modernisierens ist längst kein Thema mehr. Wohl aber die Wahl von Sturzhelm oder Kombi, Packkoffern oder elektrischem Sonderzubehör bis hin zum Radio. In jedem Fall ist ein Blick zurück besonders reizvoll, und für den Besitzer einer Oldtimer-Maschine ist das Studium der nachfolgenden Seiten geradezu eine Pflichtlektüre. Wobei natürlich nur ein kleiner Ausschnitt dessen gezeigt werden kann, was im Verlauf von fünf Jahrzehnten an Zubehörwerbung veröffentlicht wurde – aber die gebotene Auswahl ist interessant, teils auch amüsant und für den Liebhaber historischer Maschinen mit Sicherheit sehr informativ.

Anhänger für das Motorrad waren in der Zeit, als noch längst nicht jede Familie über ein Auto verfügte, üblich und selbstverständlich. Wer mit Anhänger fuhr, mußte allerdings sein Tempo mäßigen, denn nur allzu leicht geriet die Fuhre ins Schlingern.

Dieser 1950 herausgegebene Prospekt für Motorrad-Anhänger stammt von der Firma Hahn in Stuttgart, einem großen VW-Händler. Nicht jeder fleißige Schwabe konnte sich 1951 schon einen Käfer leisten...

Leichte Zweirad-Anhänger wurden in der frühen Nachkriegszeit von zahlreichen Herstellern auf den Markt gebracht. Für die mit Tinte vermerkten Preise aus dem Jahre 1953 würde man diese nostalgischen Geräte heute nicht einmal mehr auf dem Flohmarkt bekommen.

Der »Frankfurter Topf« nach einem Patent des Konstrukteurs Dr. Paul Leistritz war in den fünfziger Jahren ein Begriff, etwa wie der von Abarth für Automobile. Ein Sonderdruck von 1955.

Frankfurter Topf geht in Serie!

Unter diesem Zeichen erscheint der Frankfurter Topf auf dem Markt

Wohl kaum eine andere Erfindung ist so heftig umstritten und so unsachlich angegriffen worden wie der Frankfurter Topf des Dr. Leistritz — der Auspufftopf, der bei seinem ersten Erscheinen durch seine radikale Lärmsenkung einen heftigen Sturm im deutschen Blätterwald erregte. Hohn und Spott haben sich kübelweise über den Erfinder ergossen, einen Scharlatan hat man ihn genannt, und schließlich deutete eine etwas reichlich leichtfertige Fachpresse an, Dr. Leistritz sei bei Nacht und Nebel ausgerückt. Wir haben über die Grundlagen des Frankfurter Topfs im TA in Heft Nr. 22 vom 25. November 1954 ausführlich berichtet und im „Aufstieg" in Heft Nr. 14 vom 31. Juli 1955 die weitere Entwicklung der Erfindung und das peinliche Verhalten eines Teils der Fachpresse geschildert. Schon aus diesen beiden Berichten war zu ersehen, daß Dr. Leistritz der Mann ist, der unbeirrt von dem teilweise recht gehässigen Lärm, der um ihn gemacht wurde, den Kampf um die Anerkennung seines Prinzips — den Kampf gegen den Lärm — durchstehen würde. Den unbestechlichen Urteilen der Meßinstrumente und den Gutachten Technischer Hochschulen mußten sich schließlich seine Widersacher beugen. Doch damit hatte Dr. Leistritz zwar eine wichtige Schlacht, aber noch nicht den Endsieg gewonnen. Die für jeden Erfinder größte Schwierigkeit, an der auch viele Erfinder scheitern, liegt darin, die als richtig und neu befundene Idee, die ja zunächst nur auf dem Papier steht, fabrikationsreif zu machen. Neben den Erfinder muß jetzt der Konstrukteur und der Fertigungsfachmann treten. Die Geschichte der Erfindungen weiß über bahnbrechende Neuerungen zu berichten, bei denen die Entwicklung von der fertigen Idee bis zur Praxisreife Jahrzehnte gedauert hat. Diese Entwicklungsperiode kann nur durchhalten, wer eiserne Nerven, unerschütterlichen Glauben an seine Sache, die Fähigkeit, eine unendliche Menge Kleinarbeit gewissenhaft und unermüdlich durchzuführen und — nicht zuletzt — den Rückhalt an einem weitschauenden kapitalstarken Unternehmer besitzt.

Der Frankfurter Topf ist fabrikationsreif

Bild 1: BMW R 50, eines der modernsten Motorräder mit Frankfurter Topf. Daten: 490 ccm, 26 PS, 140 km/h, Zweizylinder-Viertakt-Boxermotor. Auffallend ist hierbei, wie die Verrippung des Zylinderkopfs und die Verrippung des Frankfurter Topfs miteinander harmonieren. Beachten Sie die enorme Bodenfreiheit der neuen Abgasanlage.

Dr. Leistritz ist ein Mann mit Nerven, Ausdauer und einer unerschöpflichen Erfindungsgabe. Er hatte zudem das Glück, einen Partner zu finden, der echten und besten Unternehmergeist mit klarem Blick für industrielle Möglichkeiten und einem unbeugsamen Willen, das Angefangene auch zu Ende zu führen, verbindet. Der Erfolg ist nicht ausgeblieben: Die Rokal GmbH in Lobberich hat jetzt die Serienfabrikation des Frankfurter Topfes aufgenommen Damit hat der Erfinder Dr. Leistritz die letzte Gefahrenzone durchstoßen. Der „Knattermax" wird von der Straße ver-

Bild 7: Die BMW R 50 brauchte auch eine bessere Ansaugdämpfung. Das mit dem „Frankfurter Topf" gelieferte Gerät d ist unter der Sattelspitze sichtbar (konische Gummimanschette; innen die Luftfilterung mit Ölpolster).

Konstruktion hat es außerdem erreicht, daß auf diesem Weg „Saugpunkte" entstehen, die es erreichen, daß der Wegtransport der Abgase unter idealen Bedingungen vor sich geht. So ist das interessante Ergebnis der Untersuchungen an der Technischen Hochschule Stuttgart zu erklären, daß der Frankfurter Topf bei Viertaktern gerade bei hohen Tourenzahlen eine Leistungssteigerung bewirkt. Die Düse wird in der Regel mittels eines Winkelstücks c an den Druckwandler angeschlossen. Auf diese Weise kann die beste Bodenfreiheit erreicht werden. Die Düse besteht aus einem Röhrensystem; mit ihr findet die motorische und akustische Abstimmung des Druckwandlers ihren Abschluß. Es stehen vier verschiedene Düsen zur Verfügung.

Das Baukastenprinzip in der Praxis

Das Baukastenprinzip des Frankfurter Topfes hat vor allen Dingen für das Kraftfahrzeug-Handwerk große Bedeutung. Es wird ja erforderlich, die große Zahl der noch mit alten Schalldämpfern laufenden Motorräder nach und nach mit neuen Schalldämpfern zu versehen, die den heutigen und zukünftigen gesetzlichen Vorschriften entsprechen. Im übrigen werden auch die meisten Blechschalltöpfe im Laufe der Zeit unbrauchbar und müssen dann durch neue ersetzt werden. Das Kraftfahrzeug-Handwerk wird daher in den nächsten Jahren beträchtlich durch das Umrüsten der Motorräder in Anspruch genommen werden. Diese Aufgabe wird den Werkstätten durch das Baukastensystem des Frankfurter Topfes wesentlich erleichtert. Da durch verschiedene Kombinationen weniger Grundelemente für fast jeden Motorradtyp eine Hochleistungs-Abgasanlage zusammengebaut werden kann, hat es das Kraftfahrzeug-Handwerk nicht nötig, eine Unzahl von Auspufftopfarten am Lager zu halten. Es kommt im Gegenteil mit einem sehr kleinen Lager von Elementen aus.

Der Zusammenbau erfolgt nach den „Schaltplänen", die Rokal liefert, und nach speziellen Anweisungen, die für die verschiedenen Typen entwickelt und ebenfalls von Rokal zur Verfügung gestellt werden. Die Umrüstung der Motorräder geht dann in der Werkstatt ohne Versuche und ohne Kopfzerbrechen vor sich. Auch diejenigen Motorradfahrer, denen die Lärmminderung nicht besonders am Herzen liegt, werden sich wohl in großer Zahl zu einer Umrüstung ihrer Auspuffanlage entschließen, um sich die damit verbundene Mehrleistung ihrer Maschine zunutze machen zu können.

Auch die Ansaugseite macht Lärm

Gewöhnlich spricht man nur vom Auspufflärm; daß der Vergaser nicht viel weniger knallt, wird nur wenig beachtet. Wer sich die Mühe macht, den Ansauglärm isoliert abzuhören, wird über den dort erzeugten Krach höchst erstaunt sein. Eine durchgreifende Entlärmung muß daher auch die Ansaugseite einschließen. Der Frankfurter Topf verwendet eine Ansaugdämpfung, die im wesentlichen aus einer mit immer kleineren Ringen versehenen konischen Gummimanschette besteht, die von einem beidseitig offenen Querrohr durchdrungen ist, das sich mit einem Mittelausschnitt in die Ansaugkammer öffnet. Die Luft tritt durch eine oder beide Öffnungen des Querrohres ein. Die Manschette enthält das Filter.

Der Ansauggeräuschdämpfer ist bei den Prüfungen des Frankfurter Topfes an der Technischen Hochschule Stuttgart eingeschlossen gewesen, es tritt also durch ihn kein Leistungsverlust auf.

Sonderdruck aus der Zeitschrift „Technischer Ansporn" Oktober 1956, Betriebswirtschaftlicher Verlag Dr. Th. Gabler, Wiesbaden.

Aus einer Informationsbroschüre für den »Frankfurter Topf«. Seine Hersteller versprachen nicht nur ein Leistungsplus und größere Wirtschaftlichkeit, sondern vor allem auch geringere Lärmentwicklung, selbst bei einer an sich schon leisen und kultivierten BMW R 50, wie der Bericht aussagt.

Das Düsseldorfer Versandhaus Heinz W. Schnell bot nicht nur den Leistritz-Topf, sondern auch Schalldämpfer von Ernst und Eberspächer sowie Original-Werkstöpfe an, wie dieses Inserat von 1968 aussagt.

Warum hat der Wettermantel hinten einen Schlitz? Ganz einfach: damit man den Mantel zum Beinschutz umfunktionieren kann. Für Motorradfahrer ein praktisches Kleidungsstück. Der Condor-Prospekt stammt von 1953.

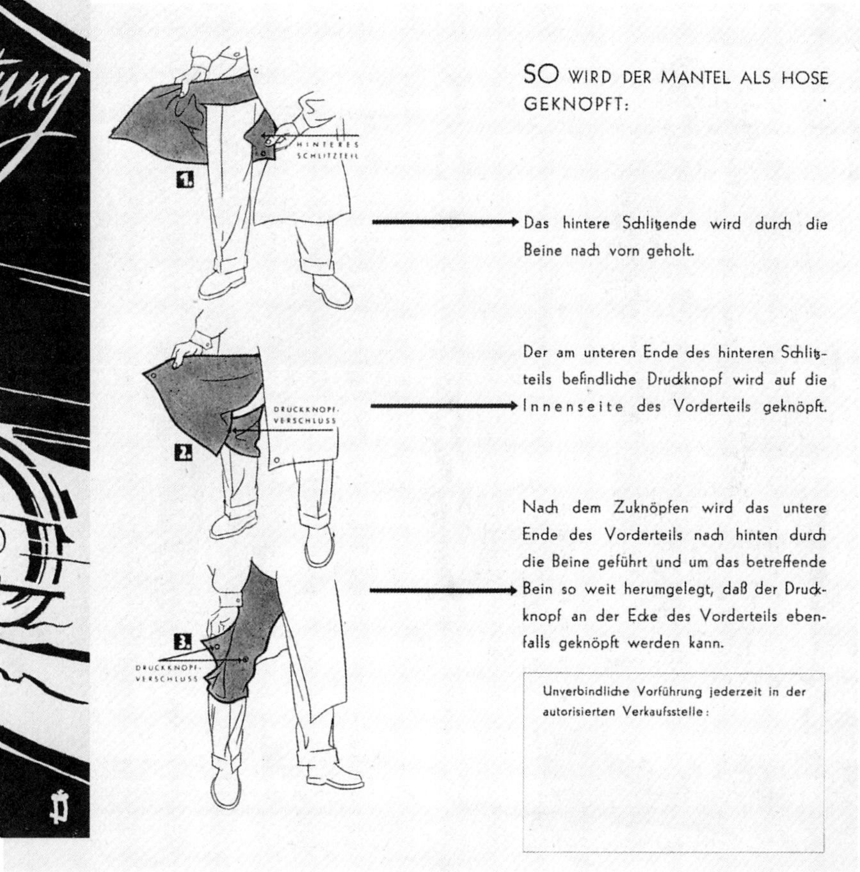

SO WIRD DER MANTEL ALS HOSE GEKNÖPFT:

Das hintere Schlitzende wird durch die Beine nach vorn geholt.

Der am unteren Ende des hinteren Schlitzteils befindliche Druckknopf wird auf die Innenseite des Vorderteils geknöpft.

Nach dem Zuknöpfen wird das untere Ende des Vorderteils nach hinten durch die Beine geführt und um das betreffende Bein so weit herumgelegt, daß der Druckknopf an der Ecke des Vorderteils ebenfalls geknöpft werden kann.

Unverbindliche Vorführung jederzeit in der autorisierten Verkaufsstelle:

Bekleidung

Der zum Beinkleid verwandelte Mantel wurde erst dann zu einem volltauglichen Wetterschutz, wenn man auch die Hosenbeine in Beinlinge hüllte. »Selbst ein eleganter Anzug kann unter dem Mantel getragen werden ...«, hieß es.

CONDOR-MOTORRADMANTEL FORM „BAYERN". Dieses Bild zeigt den Mantel ohne die Beinlinge und ohne von der Möglichkeit Gebrauch zu machen, den Mantel unten als Hose zu tragen. Die Rückansicht zeigt u. a. das lose Rückenkoller, unter dem die Entlüftung wirksam ist.

CONDOR-MOTORRADMANTEL FORM „BAYERN" mit Beinlingen. Die unteren Teile des Mantels sind hier mittels Druckknopfverschluß um das Bein gelegt und bewirken in Verbindung mit den Beinlingen absoluten Regenschutz. Selbst ein eleganter Anzug kann also unter dem Mantel getragen werden.

Bekleidung

Katalogseite für Sportkleidung aus dem Jahr 1939. Eine taillierte Lederweste gab es für nur 34 Mark 40, doch für einige Rohstoffe wurde ein Aufschlag erhoben: Beim Lederolmantel betrug er 95 Pfennig.

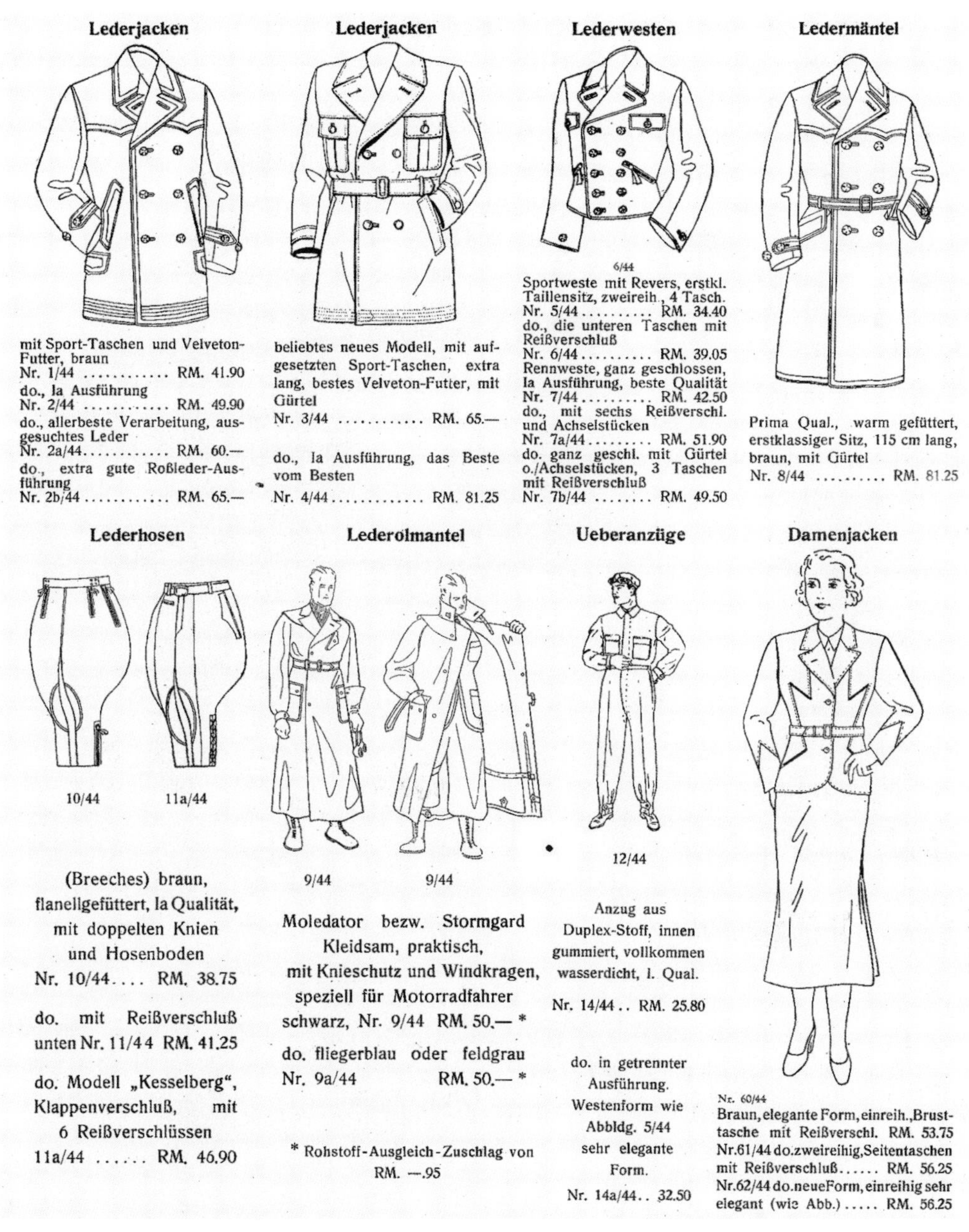

Lederjacken

mit Sport-Taschen und Velveton-Futter, braun
Nr. 1/44 .... RM. 41.90
do., Ia Ausführung
Nr. 2/44 .... RM. 49.90
do., allerbeste Verarbeitung, ausgesuchtes Leder
Nr. 2a/44............ RM. 60.—
do., extra gute Roßleder-Ausführung
Nr. 2b/44............ RM. 65.—

Lederjacken

beliebtes neues Modell, mit aufgesetzten Sport-Taschen, extra lang, bestes Velveton-Futter, mit Gürtel
Nr. 3/44 .... RM. 65.—

do., Ia Ausführung, das Beste vom Besten
Nr. 4/44............ RM. 81.25

Lederwesten

6/44

Sportweste mit Revers, erstkl. Taillensitz, zweireih., 4 Tasch.
Nr. 5/44.......... RM. 34.40
do., die unteren Taschen mit Reißverschluß
Nr. 6/44.......... RM. 39.05
Rennweste, ganz geschlossen, Ia Ausführung, beste Qualität
Nr. 7/44.......... RM. 42.50
do., mit sechs Reißverschl. und Achselstücken
Nr. 7a/44......... RM. 51.90
do. ganz geschl. mit Gürtel o./Achselstücken, 3 Taschen mit Reißverschluß
Nr. 7b/44 .... RM. 49.50

Ledermäntel

Prima Qual., warm gefüttert, erstklassiger Sitz, 115 cm lang, braun, mit Gürtel
Nr. 8/44 .... RM. 81.25

Lederhosen

10/44 11a/44

(Breeches) braun, flanellgefüttert, Ia Qualität, mit doppelten Knien und Hosenboden
Nr. 10/44.... RM. 38.75

do. mit Reißverschluß unten Nr. 11/44 RM. 41.25

do. Modell „Kesselberg", Klappenverschluß, mit 6 Reißverschlüssen
11a/44 ...... RM. 46.90

Lederolmantel

9/44 9/44

Moledator bezw. Stormgard
Kleidsam, praktisch, mit Knieschutz und Windkragen, speziell für Motorradfahrer
schwarz, Nr. 9/44 RM. 50.— *

do. fliegerblau oder feldgrau
Nr. 9a/44 RM. 50.— *

* Rohstoff-Ausgleich-Zuschlag von RM. —.95

Ueberanzüge

12/44

Anzug aus Duplex-Stoff, innen gummiert, vollkommen wasserdicht, I. Qual.
Nr. 14/44.. RM. 25.80

do. in getrennter Ausführung. Westenform wie Abbldg. 5/44 sehr elegante Form.
Nr. 14a/44.. 32.50

Damenjacken

Nr. 60/44
Braun, elegante Form, einreih., Brusttasche mit Reißverschl. RM. 53.75
Nr. 61/44 do. zweireihig, Seitentaschen mit Reißverschluß..... RM. 56.25
Nr. 62/44 do. neue Form, einreihig sehr elegant (wie Abb.)..... RM. 56.25

Das Bekleidungshaus Otto Plümecke in Hannover firmierte unter OPEHA und bot ebenfalls spezielle Motorradfahrerbekleidung an. Ein Prospekt aus dem Jahr 1954.

OTTO PLÜMECKE HANNOVER

Leder-Bekleidung

aus bestem Chrom-Bekleidungsleder

Lederweste

in sportlicher Form mit teilbarem schrägen Reißverschluß, Umlegekragen offen und geschlossen zu tragen, 4 Reißverschlußtaschen, besonders lange Form, Ringsgurt, 1 Innentasche, Velvetonfutter.

Nr. **258/20** Qualität „Prima" . . . . DM **114.90**
Nr. **258/20/1** Qualität „Super" . . . . DM **136.45**

Sport-Rennweste

mit teilbarem Reißverschluß, 2 schräge Brusttaschen mit Reißverschluß, Ärmel mit Reißverschluß, 1 Innentasche, breiter Lederbund mit Velvetonfutter.

Nr. **258/21** Qualität „Super" . . . . DM **131.95**

Leder-Nierenschutzgürtel

mit 4 Schnallen, Velvetonfutter

Nr. **258/28** braun . . . . DM **25.15**
Nr. **258/28/1** grün . . . . DM **25.15**

Lederstiefelhose

Breeches mit doppeltem Gesäß, Kniebesatz, velvetongefüttert, Schlitz mit Reißverschluß und Wadenverschnürung.

Nr. **258/23** Qualität „Super" . . . . DM **141.—**

Maßanleitung

zur Feststellung der Konfektionsgrößen

	für **Herren**					für **Damen**				
Körpergröße	168	172	176	180	184	160	164	168	172	176
Oberweite	92	96	100	104	108	90	94	96	98	102
Taillenweite	82	86	90	94	100	76	80	82	84	88
Schrittlänge	76	78	80	82	84	—	—	—	—	—
Konfektionsgröße	**46**	**48**	**50**	**52**	**54**	**40**	**42**	**43**	**44**	**46**

Maßanfertigung und Übergrößen 56 und 58 + 10 %, Übergröße 60 + 20% Aufschlag.

4

DM 131,95 für eine Rennweste war 1954 schon sehr viel Geld. Bei Plümecke erhielt der Motorradfahrer aber auch erstklassige Qualität.

Ein Spezialkatalog für Motorradfahrerbekleidung von 1955 des Sporthauses Berke in Bielefeld.

Start in die neue Saison

Mit sportlich-eleganter Bekleidung für Auto- und Motorradfahrer

vom

Sporthaus
BERKE
BIELEFELD

Der Berke-Katalog enthält Kleidungsangebote für Auto- und für Motorradfahrer. Bemerkenswert, daß man Autofahrer mit »Sie« anspricht, die Motorradfahrer aber mit dem vertraulicheren »Du« und »Euch«.

Motorradfahrer, das hier ist für Euch bestimmt:

Lederweste

sportliche Form mit Reißverschluß, Gürtel und einer großen Brusttasche, aus Ziegen-Nappa, in grün, blau und braun . . . . . DM 108,—

Zipperjacke für Damen und Herren

ein sehr beliebtes und elegantes Modell mit 4 Reißverschlußtaschen, Gürtel und kariertem Innenfutter, aus Ziegen-Nappa DM 127,—

Lederjacke für Kraftfahrer

zweireihig, mit Knopfverschluß, Rückengurt, aus braunem Roßleder — die ideale Lederjacke für alle Kraftfahrer . . . . DM 129,—

Und hier etwas ganz Besonderes:

Motorrad-Ranchjacke

aus Gummi-Doppelstoff, mit durchgehendem Reißverschluß und 4 Reißverschlußtaschen . . . . DM 42,—

Motorradhose

dazu passend, mit Vorschuh und seitlichem Reißverschluß . . . 26,—

Dieser sportliche Motorradanzug für Damen und Herren ist nicht nur sehr preiswert, sondern auch recht solide in der Ausführung — und natürlich absolut wasserdicht!

Zu den bekanntesten Herstellern bester Allwetterkleidung gehörte seit jeher die Firma Klepper in Rosenheim, ebenso berühmt für ihre Faltboote und Zelte.

Der Spezialmantel von Klepper für Motorradfahrer: Bilder aus einem Prospekt von 1955.

Gegen Wind und Regen geschützt durch den Klepper-Plusschutz und die Sturzhaube …

KLEPPER-Plusschutz für Motorradfahrer

für Herren- und Damen, aus verstärktem KLEPPER-Stoff mit Druckknopf-Verschluß, deshalb bequem an- und auszuziehen, schützt Füße und Beine vor Nässe und Schmutz. Best.-Nr. 358 13,60 DM.

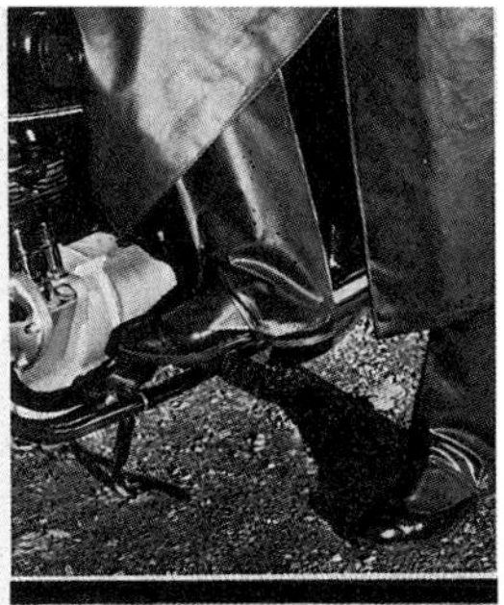

****

KLEPPER-Sturmhaube für Motorradfahrer

aus Spezial-KLEPPER-Stoff, dunkelgrau, gefüttert, wasser-, wind- und staubdicht, mit abgedichteten Hörlöchern; Gesichtsausschnitt eng anliegend. Die Sturmhaube hat einen über den Kragen reichenden Nacken- und Halsschutz, mittels Reißverschlusses bis zur Nase verschließbar, weiche Mundlasche aus Velvetstoff.
Best.-Nr. 339 für Herren und Damen 23,90 DM (Bei Bestellung bitte Kopfweite angeben!)

Der KLEPPER-Spezialmantel für Motorradfahrer (D.P. 822531)

Sportliche, wuchtige Form mit Ringsgurt und molligem Velvet-Kragen, aus extra starkem KLEPPER-Spezialstoff, dunkelgrau. Absolut wasser-, wind- und staubdicht, nach dem Regen rasch wieder trocken; durch einfaches Abwaschen oder Abspritzen mit Wasser leicht zu reinigen. Fest übereinander greifender Verschluß über Brust und Taille. Außerdem ist ein Regenschutz-Latz angebracht, der, von der Schulter kommend, weit über den Mantel-Überschlag reicht und damit auch von oben her den Mantel absolut regendicht abschließt. Eingearbeiteter Ärmel-Windschutz und praktischer Leib-Schurz verhindern Eindringen von Zugluft. Gerade, geräumige Taschen mit wasserdichten Druckknopf-Patten. Kein Flattern der Mantelenden mehr, da die Vorder- und Hinterkanten des Mantels wahlweise mittels Reißverschlusses oder durch Druckknöpfe zu Hosenbeinen verbunden werden können; deshalb ist auch hier Eindringen von Nässe, Wind, Schmutz, Schnee und Kälte ausgeschlossen. Für den Winter wird ein mollig warmes, kamelhaarfarbenes Teddy-Wollfutter für den Motorradfahrermantel und für den Motorrollermantel geliefert (s. Seite 10), das Sie mit ein paar Handgriffen schnell selbst einknöpfen können. (Bei älteren Modellen ist zum erstmaligen Einpassen der Mantel nach Rosenheim einzuschicken.)

Best.-Nr. 302 für Herren 122,50 DM.
Best.-Nr. 322 für Damen 122,50 DM.

3

Daß man bei Klepper schon immer etwas vom Wetterschutz verstand, durfte man den Rosenheimern gern abnehmen. Ihre Schutzkleidung erlangte Weltberühmtheit, nicht nur bei Motorradfahrern.

Ein Klepper-Prospekt von 1959. Die von der Agentur Dorland in München gestalteten Werbemittel zeichneten sich durch Klarheit und sachliche Information aus.

Für den Motorradfahrer

ist das Beste

gerade gut genug . . .

denn niemand ist mehr den Unbilden der Witterung sowie Wind, Staub und Schmutz
ausgesetzt als er. Von der Güte und Zweckmäßigkeit seiner Kleidung hängt es
allein ab, ob er besorgt oder sorglos schlechtem Wetter entgegensehen kann.
Seine Kleidung muß tatsächlich nicht nur sportlich und dabei gut aussehen, sondern
insbesondere eine Schutzkleidung sein, die ihn erst zum unabhängigen Allwetter-
fahrer macht. Die Maschine und die Kleidung kann sich der Motorradfahrer wählen,
das Wetter aber nicht. Deshalb betrifft das Wetterproblem jeden Motorradfahrer,
gleichgültig, ob er zum Vergnügen, als Sport oder aus beruflichen Gründen Motor-
rad fährt. Wie oft mag es auch Ihnen schon passiert sein, daß Sie am Morgen bei
herrlichstem Wetter starteten und bei Regenwetter durchnäßt heimkehrten. Wer
aber nie mehr vom Wetter überrascht werden will und wer erhebliche Ansprüche
an seine Wetterbekleidung stellt, muß verlangen, daß sie leicht und klein verpack-
bar, absolut wasser-, wind- und staubdicht ist, daß sie elastisch ist und schmiegsam
bleibt und daß sie selbst an kalten Tagen warm hält, ohne jedoch an warmen
Tagen lästig zu werden. Selbstverständlich muß sie auch strapazierfähig sein,
denn sie soll ja lange gebrauchsfähig bleiben.
Da die Klepper-Motorradbekleidung aus der Erfahrung jahrzehntelanger Motorrad-
fahrerpraxis und des Geländesportes entwickelt wurde, bietet sie alle Vorteile,
die nach dem heutigen Stande der modernen Bekleidungsindustrie möglich sind.
Bevor der Klepper-Motorradmantelstoff überhaupt zur Fabrikation freigegeben wird,
wird er im eigenen Laboratorium auf Abrieb und
Reißfestigkeit, auf Strapazierfähigkeit und Wasser-
dichtigkeit, ja selbst auf Klimafestigkeit usw. durch
langwierige, neueste Methoden sozusagen auf Herz
und Nieren geprüft. In der Fabrikation selbst durch-
läuft er immer wieder Verarbeitungs-
kontrollen, so daß Sie mit jedem Klepper-
Motorradmantel oder -Anzug die Gewiß-
heit haben können, daß in ihm nicht nur
die Fabrikationserfahrung von Jahrzehn-
ten steckt, sondern daß an ihm alles getan
wurde, was seine Zuverlässigkeit und Qua-
lität gewährleistet und was er dem guten
Ruf des Namens KLEPPER schuldig ist.

Prospekt für die von der Firma Max Kammerer produzierten Bowdenzüge zur IAA im Jahr 1953.

Dieser Katalog für Bowdenzug-Zubehör, hergestellt von den Armaturen-Werken in Frankfurt am Main, erschien im April 1956.

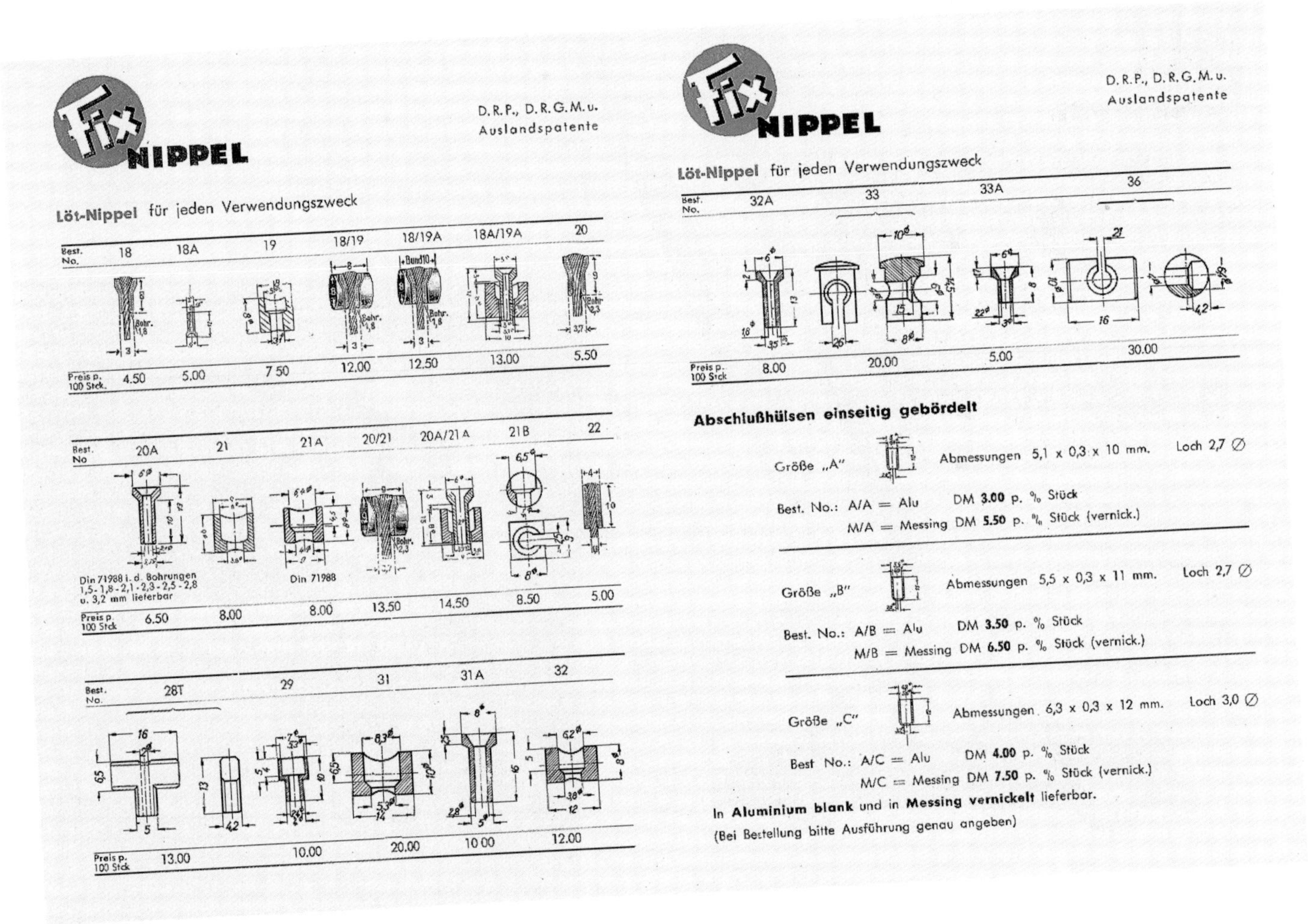

Fix NIPPEL

D.R.P., D.R.G.M. u. Auslandspatente

Löt-Nippel für jeden Verwendungszweck

Best. No.	18	18A	19	18/19	18/19A	18A/19A	20
Preis p. 100 Stck.	4.50	5.00	7 50	12.00	12.50	13.00	5.50

Din 71988 i. d. Bohrungen 1,5 - 1,8 - 2,1 - 2,3 - 2,5 - 2,8 u. 3,2 mm lieferbar

Best. No	20A	21	21A	20/21	20A/21A	21B	22
	Din 71988		Din 71988				
Preis p. 100 Stck	6.50	8.00	8.00	13.50	14.50	8.50	5.00

Best. No.	28T	29	31	31A	32
Preis p. 100 Stck	13.00	10.00	20.00	10 00	12.00

Fix NIPPEL

D.R.P., D.R.G.M. u. Auslandspatente

Löt-Nippel für jeden Verwendungszweck

Best. No.	32A	33	33A	36
Preis p. 100 Stck	8.00	20.00	5.00	30.00

Abschlußhülsen einseitig gebördelt

Größe „A" Abmessungen 5,1 x 0,3 x 10 mm. Loch 2,7 ∅

Best. No.: A/A = Alu DM **3.00** p. % Stück
M/A = Messing DM **5.50** p. % Stück (vernick.)

Größe „B" Abmessungen 5,5 x 0,3 x 11 mm. Loch 2,7 ∅

Best. No.: A/B = Alu DM **3.50** p. % Stück
M/B = Messing DM **6.50** p. % Stück (vernick.)

Größe „C" Abmessungen 6,3 x 0,3 x 12 mm. Loch 3,0 ∅

Best No.: A/C = Alu DM **4.00** p. % Stück
M/C = Messing DM **7.50** p. % Stück (vernick.)

In **Aluminium blank** und in **Messing vernickelt** lieferbar.

(Bei Bestellung bitte Ausführung genau angeben)

Arretierungnippel für Bowdenzüge in jeder Art und Ausführung: Doppelseite aus dem Fix-Nippel-Katalog von 1956.

Fix NIPPEL

D. R. P., D. R. G. M. u.
Auslandspatente

SORTIMENTSKARTE NO. 200

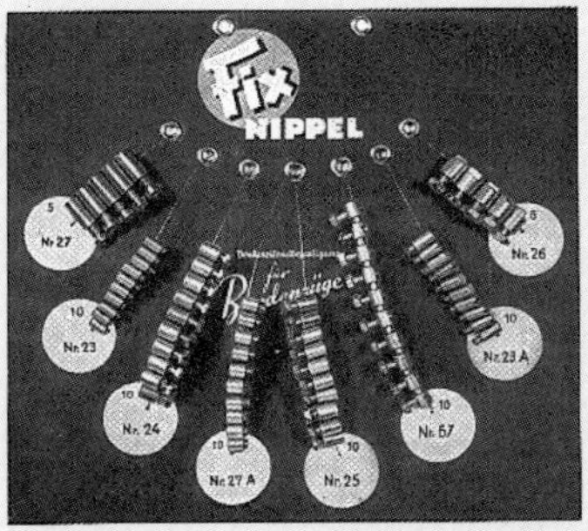

Preis in Standardausführung lt. Abb. DM **14.**— pro Stück

Die praktische Sortimentskarte wird wegen ihrer übersichtlichen Darstellung gern von Reparaturwerkstätten, Kleinverkaufsstellen, Fahrrad- und Motorradgeschäften usw. bezogen. Die Karte ist mit Aufhängeösen versehen und kann leichtgreifbar an die Wand gehängt und bei Bedarf abgenommen werden.

Die einzelnen Nippel sind auf Draht gezogen und lassen sich schnell abstreifen. Der Käufer kann in Sekundenschnelle bedient werden.

Die Sortimentskarte No. 200 ist in jeder beliebigen Zusammenstellung lieferbar. Als Standardausrüstung sind folgende Nippel vorgesehen:

5 Stück No. 27	10 Stück No. 25
10 Stück No. 23	10 Stück No. 6A
10 Stück No. 24	10 Stück No. 23A
10 Stück No. 27A	5 Stück No. 26

Lose Karten (ohne Nippel) können zum Stückpreis von DM **0.80** (netto) vom Werk bezogen werden. Die Ausstattung bleibt in diesem Falle dem Großhändler bezw. dem Detaillisten überlassen.

Fix NIPPEL

D. R. P., D. R. G. M. u.
Auslandspatente

VERSTELLSCHRAUBEN UND KABELBÄNDER

M 5 M 6

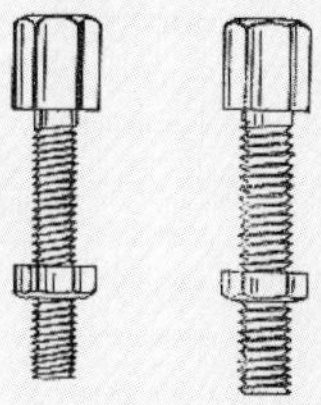

Verstellschrauben mit Muttern

Messing vernickelt (Ges. Länge 40 mm)
M 5: Schrauben . . . 8×30 mm
M 6: Schrauben . . . 8×30 mm
M 7: Schrauben . . . 10×30 mm
M 8: Schrauben . . . 11×32 mm

Verstellschrauben Messing-vernickelt				
Nr.	M 5 (8×40)	M 6 (8×40)	M 7 (10×40)	M 8 (11×40)
Preis p. 100 Stck.	30 –	35.–	37.–	40.–

Kabelbänder

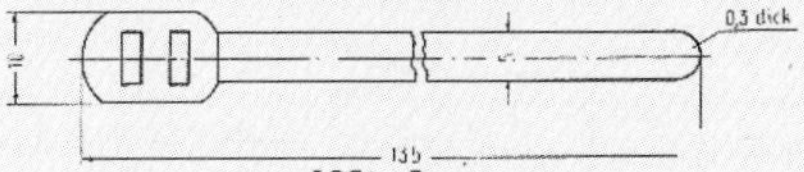

135×5 mm
schwarz lackiert · verzinkt · vernickelt · Aluminium

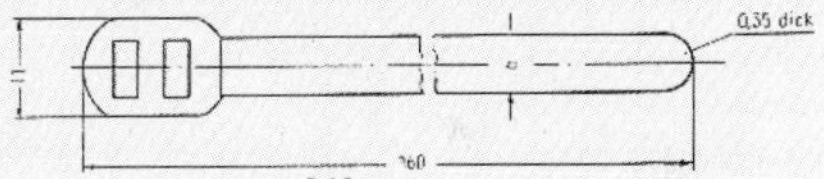

160×6 mm
schwarz lackiert · verzinkt · vernickelt · Aluminium

180×7 mm
schwarz lackiert · verzinkt · vernickelt · Aluminium

Kabelbänder (Preis per 1000 Stück)		135×5	160×6	180×7
Eisen schwarz lack.	DM	20.00	23.00	34.00
Eisen verzinkt	DM	19.50	22.50	33.00
Eisen vernickelt	DM	24.00	27.00	40.00
Aluminium	DM	18.50	21.00	31.00

Bei vielen Motorradhändlern und Werkstätten hingen in den fünfziger Jahren solche Musterkarten für Bowdenzugnippel aus. Diese unscheinbaren, aber wichtigen Bauteile gehörten einst zum Reparaturzeug jedes Motorrades.

Dämpfer und Gabeln

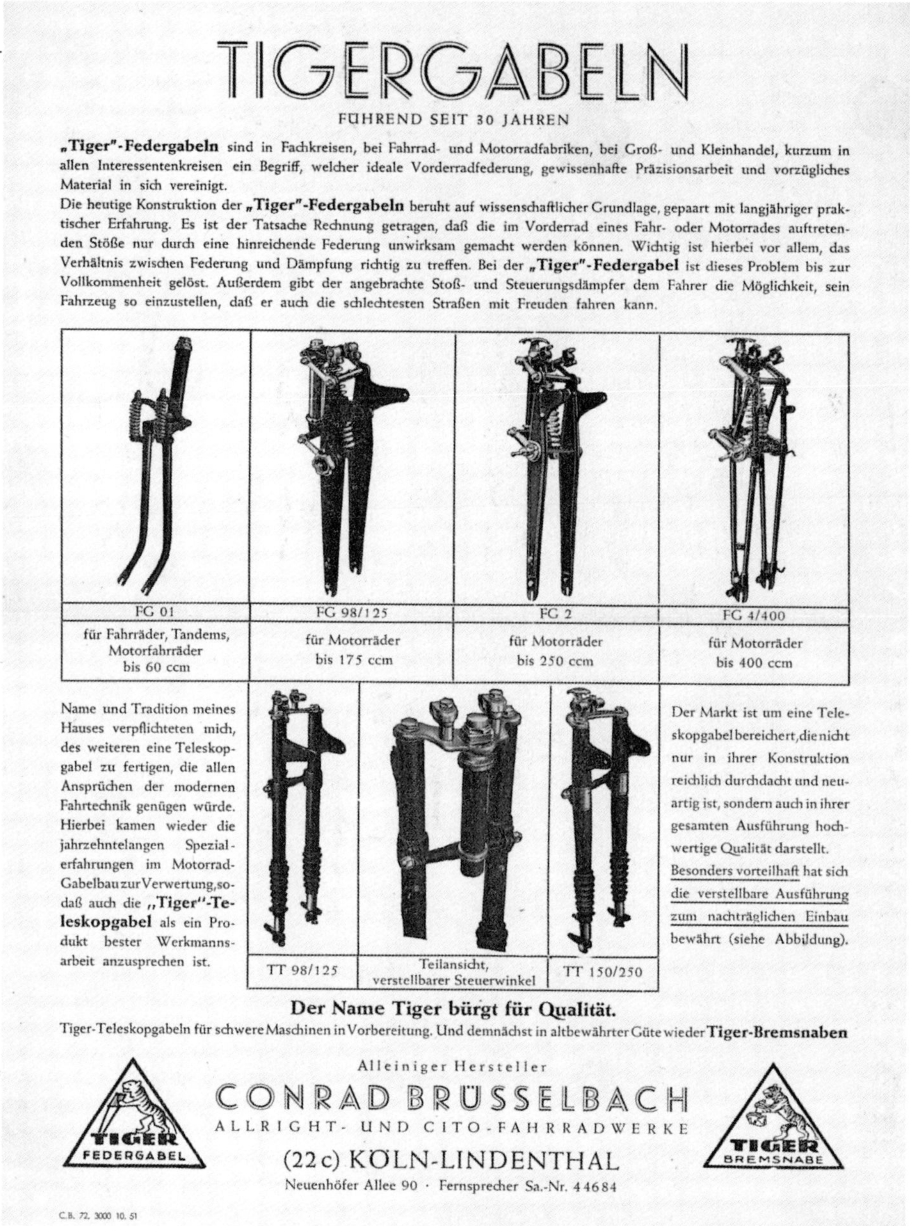

Die Tiger-Federgabel war eine der wohl berühmtesten ihrer Art, und es gab sie noch lange nach dem Kriege. Viele Hersteller bezogen sie von Büsselbach in Köln direkt, aber man konnte ein Motorrad auch nachträglich damit umrüsten. Die Köln-Lindenthaler Metallwarenfabrik war seit der Jahrhundertwende im Motorradgeschäft und hatte von 1901 bis 1907 auch Maschinen unter dem Namen Tiger (später: Allright) hergestellt. Die Tiger-Parallelogramm-Federgabel gab es seit 1927.

Horrorvorstellung 1951: Ein Motorrad ohne Telegabel zu fahren... Dies ist die Titelseite eines Prospektes der Firma Stabilo in Koblenz.

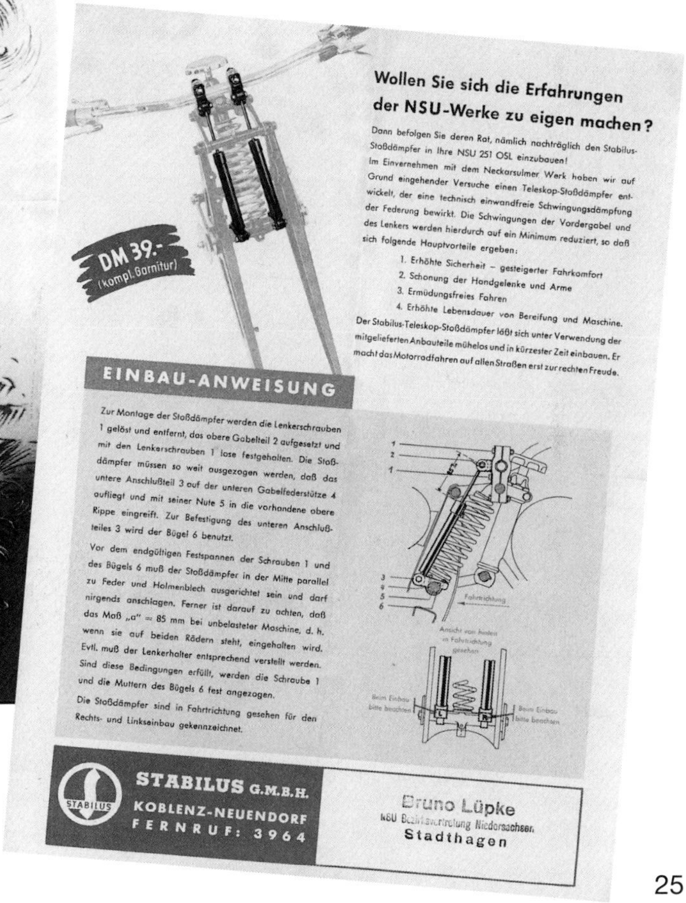

Wollen Sie sich die Erfahrungen der NSU-Werke zu eigen machen?

Dann befolgen Sie deren Rat, nämlich nachträglich den Stabilus-Stoßdämpfer in Ihre NSU 251 OSL einzubauen!
Im Einvernehmen mit dem Neckarsulmer Werk haben wir auf Grund eingehender Versuche einen Teleskop-Stoßdämpfer entwickelt, der eine technisch einwandfreie Schwingungsdämpfung der Federung bewirkt. Die Schwingungen der Vordergabel und des Lenkers werden hierdurch auf ein Minimum reduziert, so daß sich folgende Hauptvorteile ergeben:

1. Erhöhte Sicherheit – gesteigerter Fahrkomfort
2. Schonung der Handgelenke und Arme
3. Ermüdungsfreies Fahren
4. Erhöhte Lebensdauer von Bereifung und Maschine.

Der Stabilus-Teleskop-Stoßdämpfer läßt sich unter Verwendung der mitgelieferten Anbauteile mühelos und in kürzester Zeit einbauen. Er macht das Motorradfahren auf allen Straßen erst zur rechten Freude.

DM 39.-
(kompl. Garnitur)

EINBAU-ANWEISUNG

Zur Montage der Stoßdämpfer werden die Lenkerschrauben 1 gelöst und entfernt, das obere Gabelteil 2 aufgesetzt und mit den Lenkerschrauben 1 lose festgehalten. Die Stoßdämpfer müssen so weit ausgezogen werden, daß das untere Anschlußteil 3 auf der unteren Gabelfederstütze 4 aufliegt und mit seiner Nute 5 in die vorhandene obere Rippe eingreift. Zur Befestigung des unteren Anschlußteiles 3 wird der Bügel 6 benutzt.

Vor dem endgültigen Festspannen der Schrauben 1 und des Bügels 6 muß der Stoßdämpfer in der Mitte parallel zu Feder und Holmenblech ausgerichtet sein und darf nirgends anschlagen. Ferner ist darauf zu achten, daß das Maß „a" = 85 mm bei unbelasteter Maschine, d. h. wenn sie auf beiden Rädern steht, eingehalten wird. Evtl. muß der Lenkerhalter entsprechend verstellt werden. Sind diese Bedingungen erfüllt, werden die Schraube 1 und die Muttern des Bügels 6 fest angezogen.

Die Stoßdämpfer sind in Fahrtrichtung gesehen für den Rechts- und Linkseinbau gekennzeichnet.

STABILUS G.M.B.H.
KOBLENZ-NEUENDORF
FERNRUF: 3964

Bruno Lüpke
Stadthagen

NSU, so sagt der Stabilo-Prospekt aus, empfehle den Besitzern einer 251 OSL den nachträglichen Einbau dieser Gabel.

Eine der bekanntesten Hinterradfederungen zum Nachrüsten aus einer Zeit, als das gefederte Hinterrad beim Serienmotorrad noch eine Ausnahme darstellte.

Innenseite aus dem Prospekt für Jurisch-Federungen, herausgegeben 1953.

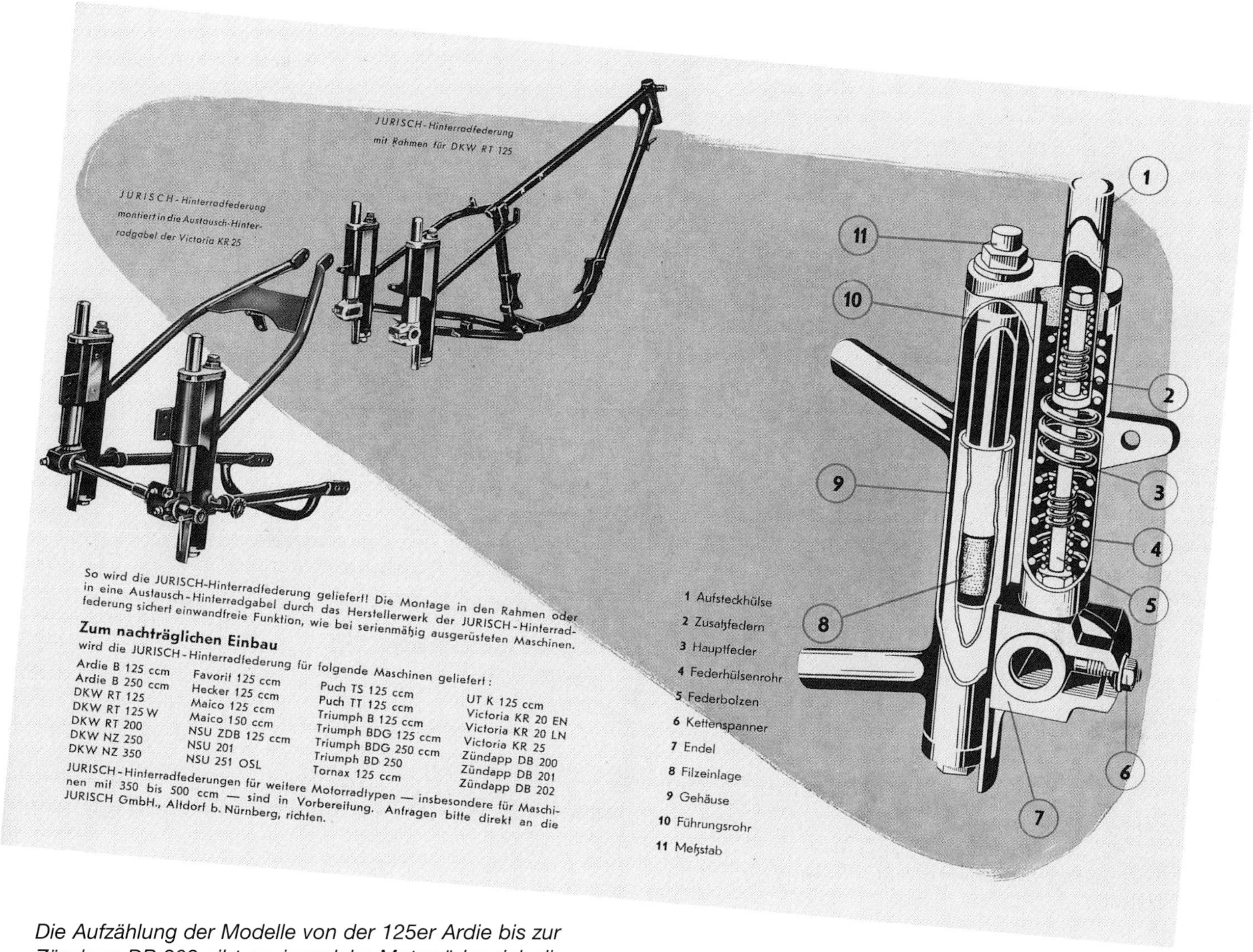

Die Aufzählung der Modelle von der 125er Ardie bis zur Zündapp DB 202 gibt an, in welche Motorräder sich die Jurisch-Hinterradfederung einbauen ließ.

Die Illichmann-Federung war einst ebenso bekannt wie die von der Firma Jurisch, leicht zu montieren und effektvoll im Betrieb. Der Prospekt von 1953 zeigt den einfachen Aufbau dieses Federungssystems.

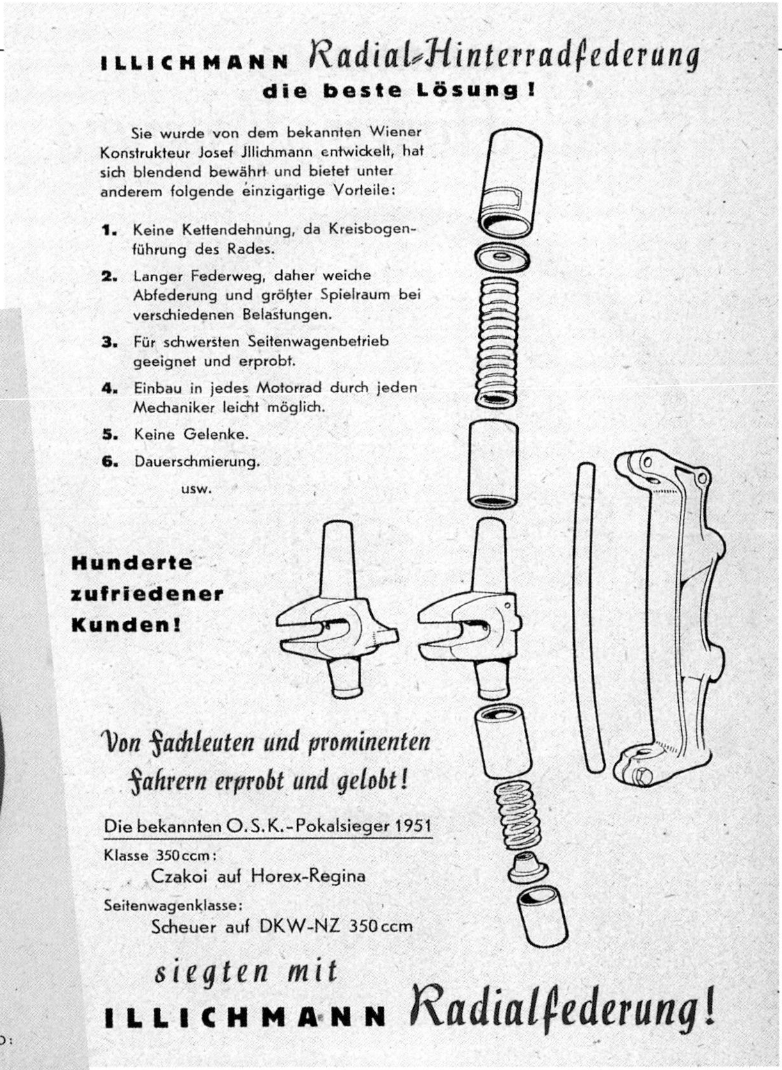

EINE GANZ NEUE HINTERRAD-FEDERUNG FÜR SIE!

Der bisher größte Fortschritt
in der Federung
von Motorrädern

Eine komplette Federung mit Schraubenfeder aus Mangansiliziumstahl und mit doppeltwirkendem Flüssigkeits-Stoßdämpfer - das ist die

Woodhead-Monroe

Diese neue Hinterrad-Federung - tadellos gearbeitet und dabei erstaunlich in der Leistung - birgt 6 Überraschungen für Ihre Maschine:

Verbesserte Straßenlage · Größere Schnelligkeit und Fahrsicherheit · Unbegrenzte Zuverlässigkeit und rassiges Aussehen.... das Ergebnis gedrängter, vollkommen geschlossener Konstruktion.

Darf im Reigen der Zusatzfederungen nicht fehlen: Das Monroe-Dämpferbein. Hier verband sich eine Schraubenfederung mit hydraulischem Stoßdämpfer. Die Härte der Federn wählte man der Belastung entsprechend; sie waren auswechselbar.

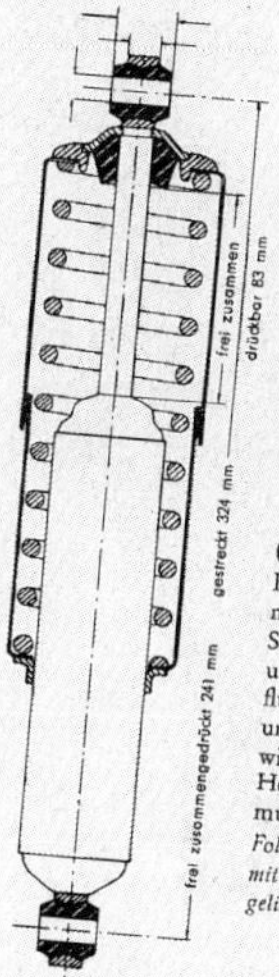

MONTAGEANLEITUNG

❶ Von großer Bedeutung ist es, dafür zu sorgen, daß die Haltebolzen die unten auf der Zeichnung angegebenen richtigen Abmessungen haben.

❷ Auf Parallelität des oberen und unteren Haltebolzens ist zu achten, damit nach Einbau der Federung keine seitliche Verdrehung an den Gummimuffen auftritt.

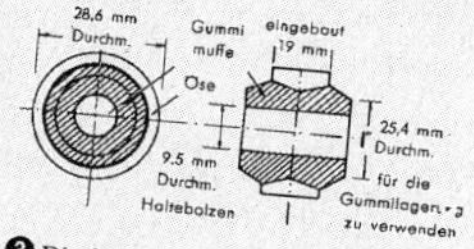

❸ Die für Ihre Maschine zu verwendende Feder soll so stark sein, daß sie etwa um 25 mm zusammengedrückt wird, wenn Sie im Sattel sitzen. Auch das Gewicht der Maschine und die Lage der Hinterradfederung beeinflussen die Wahl der Feder, da die Federung unter Umständen nicht dieselbe Bewegung wie die Hinterradachse ausführt und der Hebelwirkung Rechnung getragen werden muß.

Folgende Federn können in eingebautem Zustand mit der Federung zusammen oder auch für sich geliefert werden:

a) 12,7 kg/cm Federhärte
b) 16,3 kg/cm Federhärte
c) 19,6 kg/cm Federhärte
d) 23,2 kg/cm Federhärte

Alle diese Federn sind auswechselbar, und nach Einbau besteht in ganz gestreckter Stellung eine Durchfederung von 6 mm.

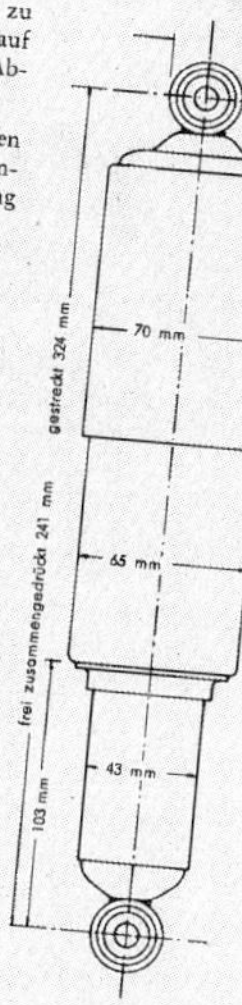

❹ Zum Ausbau der Feder wird diese durch Herunterziehen der oberen Federhülse leicht zusammengedrückt. Dadurch wird der aufgeschnittene Ring frei und kann herausgenommen werden, worauf die Feder mit der oberen Federhülse über die obere Öse herausgezogen werden kann. Beim Wiedereinbau verfährt man in umgekehrter Reihenfolge.

Hersteller: **Woodhead-Monroe**

„Die Hinterradfederung für ALLE Fahrer"

Alleinvertretung für Deutschland: ALAN W. A. BRUCE · KÖLN, Am Römerturm 15

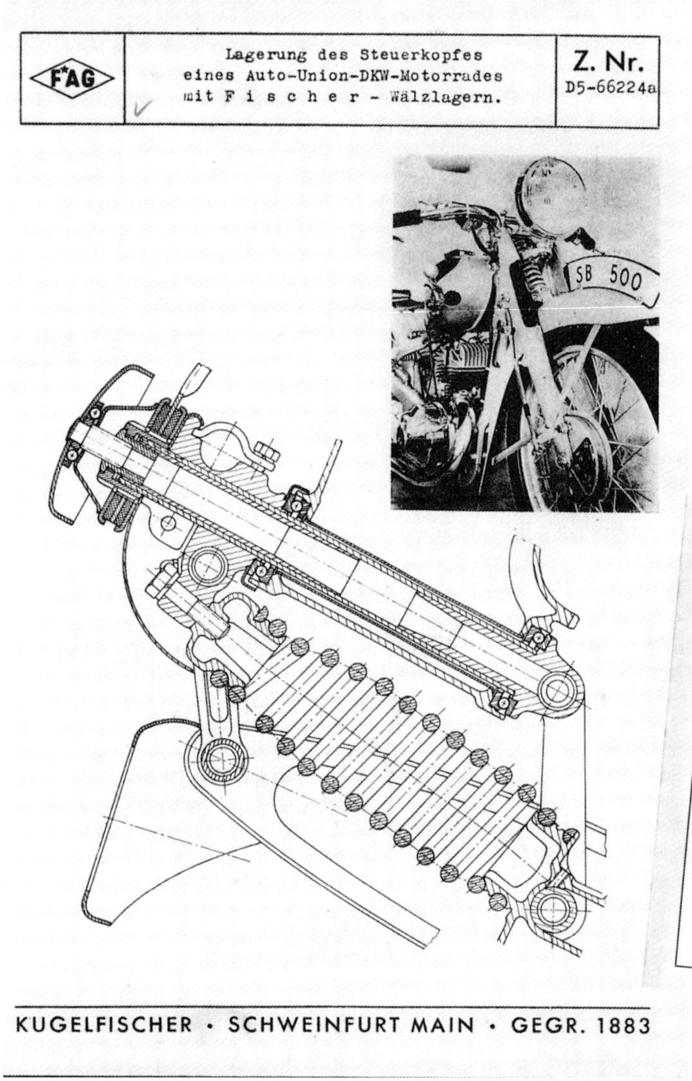

Vorderradfederung von Kugelfischer aus Schweinfurt, hier für eine Vorkriegs-DKW.

Suspa-Hinterradfederung für Mopeds zum nachträglichen Einbau, von 1954.

MAGURA-Drehgriffe und Festgriffe

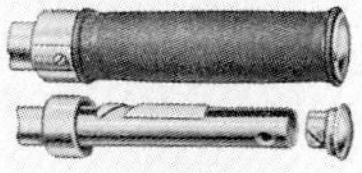

Nr. A DIN 71 903

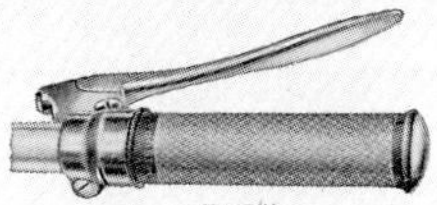

Nr. G/N

Für Lenker 22 mm links Mod.	rechts Mod.	**Genormtes Modell** für Mofa und Motorräder ab 1940	DM
	A DIN 71 903	**Innenzug-Drehgriff**, 140 mm lang	4.60
		Kombinierte Modelle, genormt ab 1950	
		1. Für Mofa, Maschinen 100-175 ccm, sowie Zündapp 200 ccm:	
	G/L	**Innenzug-Drehgriff** G DIN 71903, komb. mit **Bremshebel** L DIN 71902 pol.	8.20
	G/L. s	**desgl.** mit schwarzem Gehäuse, für Zündapp 200, NSU-Quick u. 125 ZDB	7.60
	G/L. 2	**desgl.** poliert für Maschinen mit 150 ccm Sachs-Motor	8.20
M		**Kupplungshebel** M DIN 71 902, poliert, dazu passend	4.20
M. s		**desgl.** mit schwarzem Gehäuse, für Zündapp 200, NSU-Quick u. 125 ZDB	3.70
		2. Für Maschinen ab 200 ccm (Ardie, DKW, NSU, Triumph, Victoria):	
	G/N	**Innenzug-Drehgriff** G DIN 71903 komb. mit **Bremshebel** N DIN 71902 pol.	9.20
	G/N. s	**desgl.** mit schwarzem Gehäuse für NSU 251 OSL und Consul 350 ccm	8.50
	G/N 3.2	**desgl.** poliert, für Maschinen mit 150 ccm Sachs-Motor	9.20
O		**Kupplungshebel** O DIN 71 902, poliert, dazu passend	5.40
O. s		**desgl.** mit schwarzem Gehäuse für NSU 251 OSL und Consul 350 ccm	4.80
E DIN 71 903		**Festgriff**, einseitig geschlossen	—.90
	A B 6	**Gummiüberzug** für obige Drehgriffe	—.70

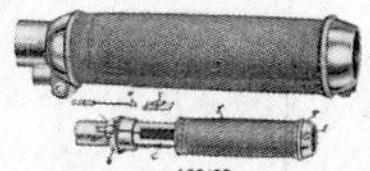

Nr. 102/22

Für Lenker 22 mm links Mod.	rechts Mod.	Für Lenker 25 mm links Mod.	rechts Mod.	**Gängigstes Modell** zum nachträglichen Einbau für Motorräder und Kleinkrafträder	DM
102/2/22	102/22	102/2/25	102/25	**Außenzug-Drehgriff „EXZENTRO"** 140 mm lang	6.80
E DIN 71 903		104a/25		**Festgriff**	—.90
	A B 6		161 b	**Gummiüberzug** für Drehgriff	—.70

Die rechten EXZENTRO-Drehgriffe werden auch mit geschlossenem Boden geliefert. Es ist dann zur Best.-Nr. der Zus. „G" anzugeben.

Nr. 125/22/1

Für Lenker 22 mm links Mod.	rechts Mod.	Für Lenker 25 mm links Mod.	rechts Mod.	**Spezialmodell für Sport- und Rennmaschinen**	DM
	125/22/1		125/25/1	**Sport-Drehgriff**, 150 mm lang, einzügig	7.40
	125/22/2		125/25/2	**Sport-Drehgriff**, 150 mm lang, zweizügig	8.50
126/22		126/25		**Festgriff**, einseitig geschlossen	1.—
	1260/22		1260/25	**Gummiüberzug**, für Drehgriff	—.80

Nr. 130/1

Nr. 65

Für Lenker 22 mm links Mod.	rechts Mod.	**Sondermodelle** für Mofa und Fahrräder mit Hilfsmotor	DM
	130/1	**Drehgriff „PICCOLO"** 120 mm lang	4.30
130/5		**Drehgriff „PICCOLO"** für Lohmann-Fahrradhilfsmotor, zweizügig	4.50
	1307	**Ersatzgummiüberzug** für 130/1 und 130/5	—.65
	65/1	**Drehgriff „JUNIOR"** 120 mm lang, m. Kabelbefestig. durch Lötnippel	4.80
	65/2	**Drehgriff „JUNIOR"** 120 mm lang, m. Kabelbef. durch Klemmschraube	4.80
	65/4	**Drehgriff „JUNIOR"** 120 mm lang, für Lohmann-Fahrradhilfsmotor	4.80
	655	**Ersatz-Gummiüberzug** für 65/1, 65/2, 65/4	—.65
131		**Festgriff**, einseitig geschlossen	—.80

Nr. C DIN 71 903

Für Lenker 25 mm links Mod.	rechts Mod.	**Sondermodelle** für BMW- und Zündapp-Maschinen bis Baujahr 1945	DM
	C DIN 71 903	**Außenzug-Drehgriff, einzügig,** 180 mm lang	8.—
	D DIN 71 903	**desgl. zweizügig**	8.—
	111/25 L	**Außenzug Drehgriff** mit Lufthebel	10.50
F DIN 71 903		**Festgriff,** beiderseits offen	1.—
	C D 4	**Gummiüberzug** für Drehgriff	—.80

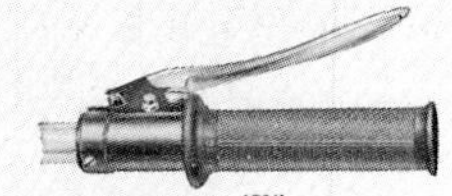

Nr. 150/1

Für Lenker 22 mm links Mod.	rechts Mod.	**Sondermodelle** für BMW-Maschinen R 25, R 51, R 67	DM
	150/1	**Drehgriff** einzügig mit Bremshebel für R 25	11.50
	150/2	**Drehgriff** zweizügig mit Bremshebel für R 51/2 und R 51/3	11.50
151/1		**Kupplungshebel** für R 25 ohne Abblendschalter	5.80
151/2		**Kupplungshebel** mit Zündhebel, für R 51/2 ohne Abblendschalter	8.80
151/3		**Kupplungshebel** o. Zündhebel, f. R 51/3, o. Abbl.-Schalter u. Stellschr.	5.80
151/10		**Festgriff,** einseitig geschlossen	1.—
	150/10	**Ersatz-Gummiüberzug** für Drehgriffe	—.80

MAGURA-Schaltdrehgriffe 22 mm ∅ mit Kupplungshebel:

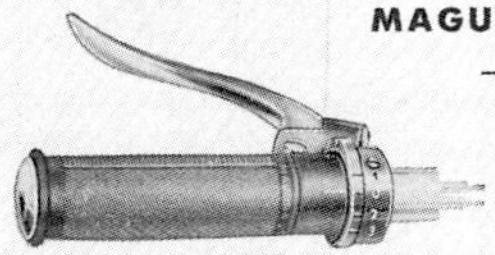

Nr. 161/1

links		Benennung	DM
160/1		**Schaltdrehgriff** mit Kupplungshebel für Imme 100 ccm (Riedel), einzügig, für 3-Gang-Schaltung	15.—
161/1		**desgl.** für Maiço M 125 und M 150, zweizügig, für 3-Gang-Schaltung	20 50
161/2		**desgl.** für NSU-Lambretta, zweizügig, für 3-Gang-Schaltung	20.50
162/2		**desgl.** für Walba- und Sitta-Roller, zweizügig, für 2-Gang-Schaltung	15.—
163/1		**desgl.** für NSU-Quick ab April 1950, einzügig, für 2-Gang-Schaltung, Gehäuse schwarz	10.60

Magura ist einer der führenden Lenker- und Griffehersteller. Dieser Prospekt stammt von 1951und zeigt Drehgriffe für Straßen- und Rennmaschinen, aber auch für Mofas und Fahrräder mit Hilfsmotor. Die Preise muten heutzutage geradezu märchenhaft an …

1952 gedruckter Prospekt des bekannten Frankfurter Herstellers Fischer für Kupplungsdrehgriffe.

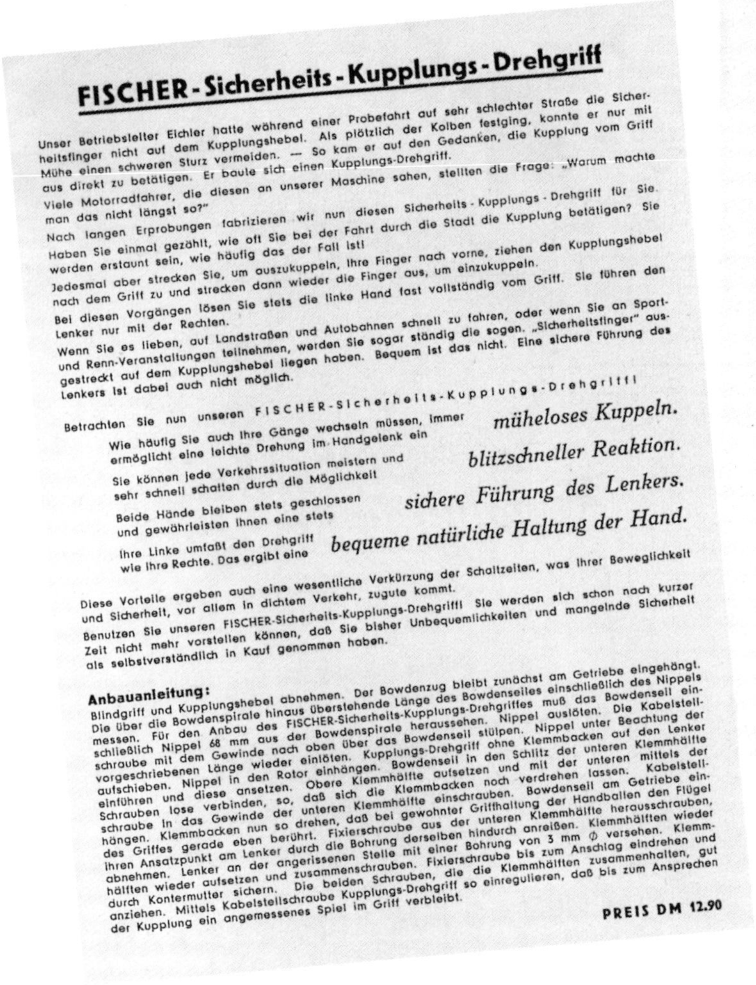

FISCHER - Sicherheits - Kupplungs - Drehgriff

Unser Betriebsleiter Eichler hatte während einer Probefahrt auf sehr schlechter Straße die Sicherheitsfinger nicht auf dem Kupplungshebel. Als plötzlich der Kolben festging, konnte er nur mit Mühe einen schweren Sturz vermeiden. — So kam er auf den Gedanken, die Kupplung vom Griff aus direkt zu betätigen. Er baute sich einen Kupplungs-Drehgriff.

Viele Motorradfahrer, die diesen an unserer Maschine sahen, stellten die Frage: „Warum machte man das nicht längst so?"

Nach langen Erprobungen fabrizieren wir nun diesen Sicherheits - Kupplungs - Drehgriff für Sie.

Haben Sie einmal gezählt, wie oft Sie bei der Fahrt durch die Stadt die Kupplung betätigen? Sie werden erstaunt sein, wie häufig das der Fall ist!

Jedesmal aber strecken Sie, um auszukuppeln, Ihre Finger nach vorne, ziehen den Kupplungshebel nach dem Griff zu und strecken dann wieder die Finger aus, um einzukuppeln.

Bei diesen Vorgängen lösen Sie stets die linke Hand fast vollständig vom Griff. Sie führen den Lenker nur mit der Rechten.

Wenn Sie es lieben, auf Landstraßen und Autobahnen schnell zu fahren, oder wenn Sie an Sport- und Renn-Veranstaltungen teilnehmen, werden Sie sogar ständig die sogen. „Sicherheitsfinger" ausgestreckt auf dem Kupplungshebel liegen haben. Bequem ist das nicht. Eine sichere Führung des Lenkers ist dabei auch nicht möglich.

Betrachten Sie nun unseren FISCHER-Sicherheits-Kupplungs-Drehgriff!

Wie häufig Sie auch Ihre Gänge wechseln müssen, immer ermöglicht eine leichte Drehung im Handgelenk ein *müheloses Kuppeln.*

Sie können jede Verkehrssituation meistern und sehr schnell schalten durch die Möglichkeit *blitzschneller Reaktion.*

Beide Hände bleiben stets geschlossen und gewährleisten Ihnen eine stets *sichere Führung des Lenkers.*

Ihre Linke umfaßt den Drehgriff wie Ihre Rechte. Das ergibt eine *bequeme natürliche Haltung der Hand.*

Diese Vorteile ergeben auch eine wesentliche Verkürzung der Schaltzeiten, was Ihrer Beweglichkeit und Sicherheit, vor allem in dichtem Verkehr, zugute kommt.

Benutzen Sie unseren FISCHER-Sicherheits-Kupplungs-Drehgriff! Sie werden sich schon nach kurzer Zeit nicht mehr vorstellen können, daß Sie bisher Unbequemlichkeiten und mangelnde Sicherheit als selbstverständlich in Kauf genommen haben.

Anbauanleitung:
Blindgriff und Kupplungshebel abnehmen. Der Bowdenzug bleibt zunächst am Getriebe eingehängt. Die über die Bowdenspirale hinaus überstehende Länge des Bowdenseiles einschließlich des Nippels messen. Für den Anbau des FISCHER-Sicherheits-Kupplungs-Drehgriffes muß das Bowdenseil einschließlich Nippel 68 mm aus der Bowdenspirale heraussehen. Nippel auslöten. Die Kabelstellschraube mit dem Gewinde nach oben über das Bowdenseil stülpen. Nippel unter Beachtung der vorgeschriebenen Länge wieder einlöten. Kupplungs-Drehgriff ohne Klemmbacken auf den Lenker aufschieben. Nippel in den Rotor einhängen. Bowdenseil in den Schlitz der unteren Klemmhälfte einführen und diese ansetzen. Obere Klemmhälfte aufsetzen und mit der unteren mittels der Schrauben lose verbinden, so, daß sich die Klemmbacken noch verdrehen lassen. Kabelstellschraube in das Gewinde der unteren Klemmhälfte einschrauben. Bowdenseil am Getriebe einhängen. Klemmbacken nun so drehen, daß bei gewohnter Griffhaltung der Handballen den Flügel des Griffes gerade eben berührt. Fixierschraube aus der unteren Klemmhälfte herausschrauben, ihren Ansatzpunkt am Lenker durch die Bohrung derselben hindurch anreißen. Klemmhälften wieder abnehmen. Lenker an der angerissenen Stelle mit einer Bohrung von 3 mm Ø versehen. Klemmhälften wieder aufsetzen und zusammenschrauben. Fixierschraube bis zum Anschlag eindrehen und durch Kontermutter sichern. Die beiden Schrauben, die die Klemmhälften zusammenhalten, gut anziehen. Mittels Kabelstellschraube Kupplungs-Drehgriff so einregulieren, daß bis zum Ansprechen der Kupplung ein angemessenes Spiel im Griff verbleibt.

PREIS DM 12.90

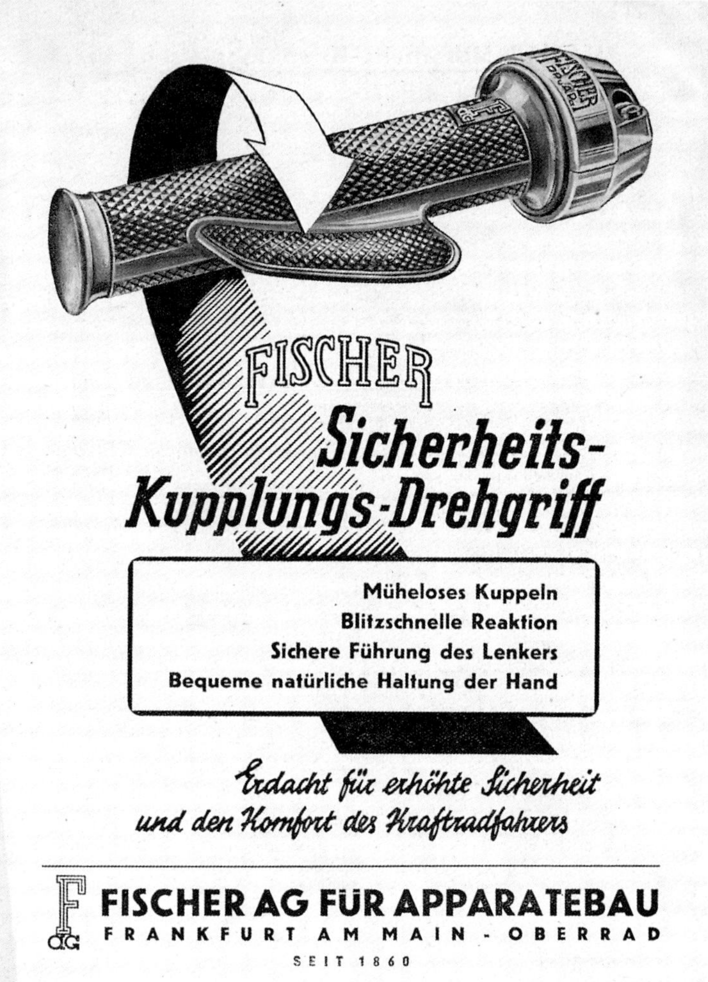

Bauanleitung für den Kupplungsdrehgriff von Fischer.

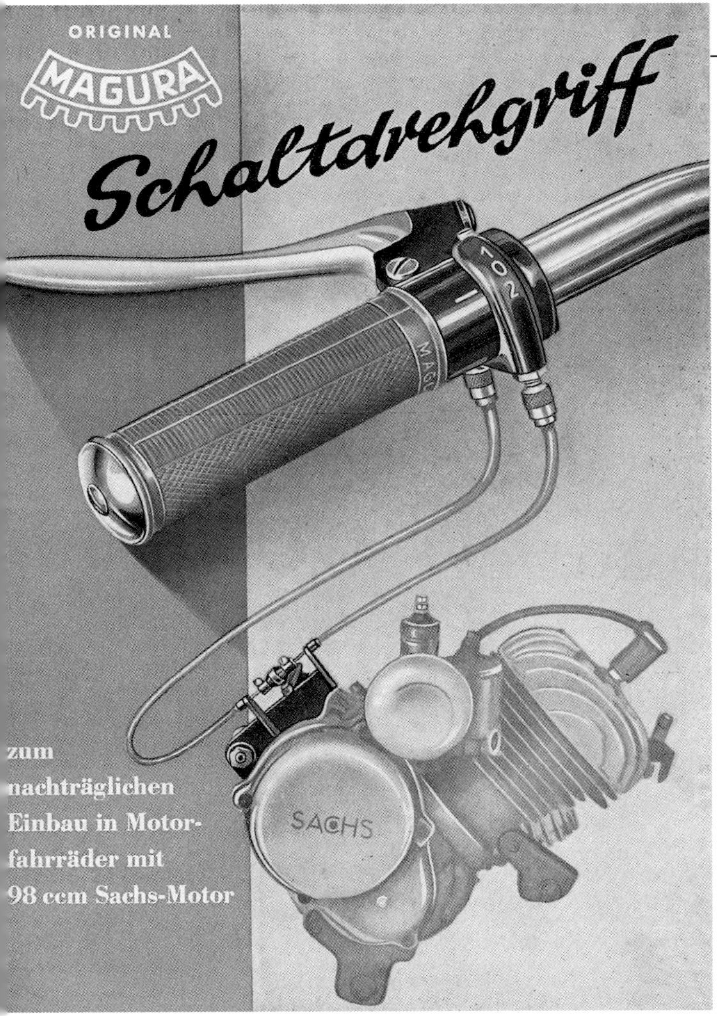

Spezialprospekt für den Magura-Schaltdrehgriff, speziell für Motorfahrräder mit Fichtel-&-Sachs-Motor und Zweiganggetriebe.

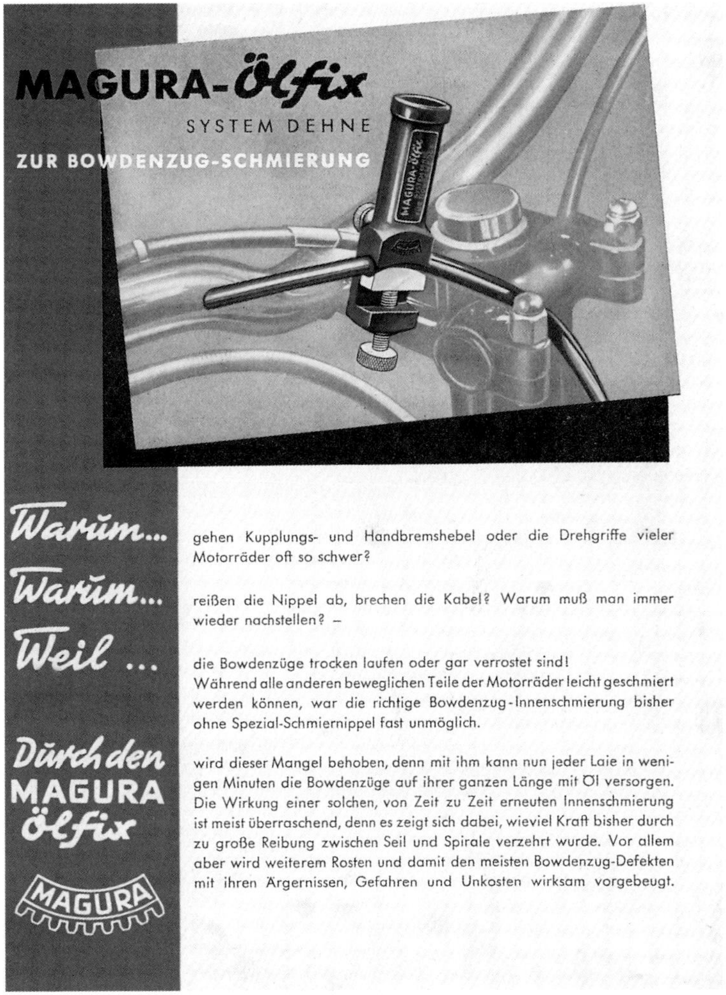

Warum gehen Kupplungs- und Handbremshebel vieler Motorräder oft so schwer? Der Prospekt gibt die Antwort: mangels ausreichender Schmierung. Magura bot mit dem »Ölfix« wirksame Abhilfe an.

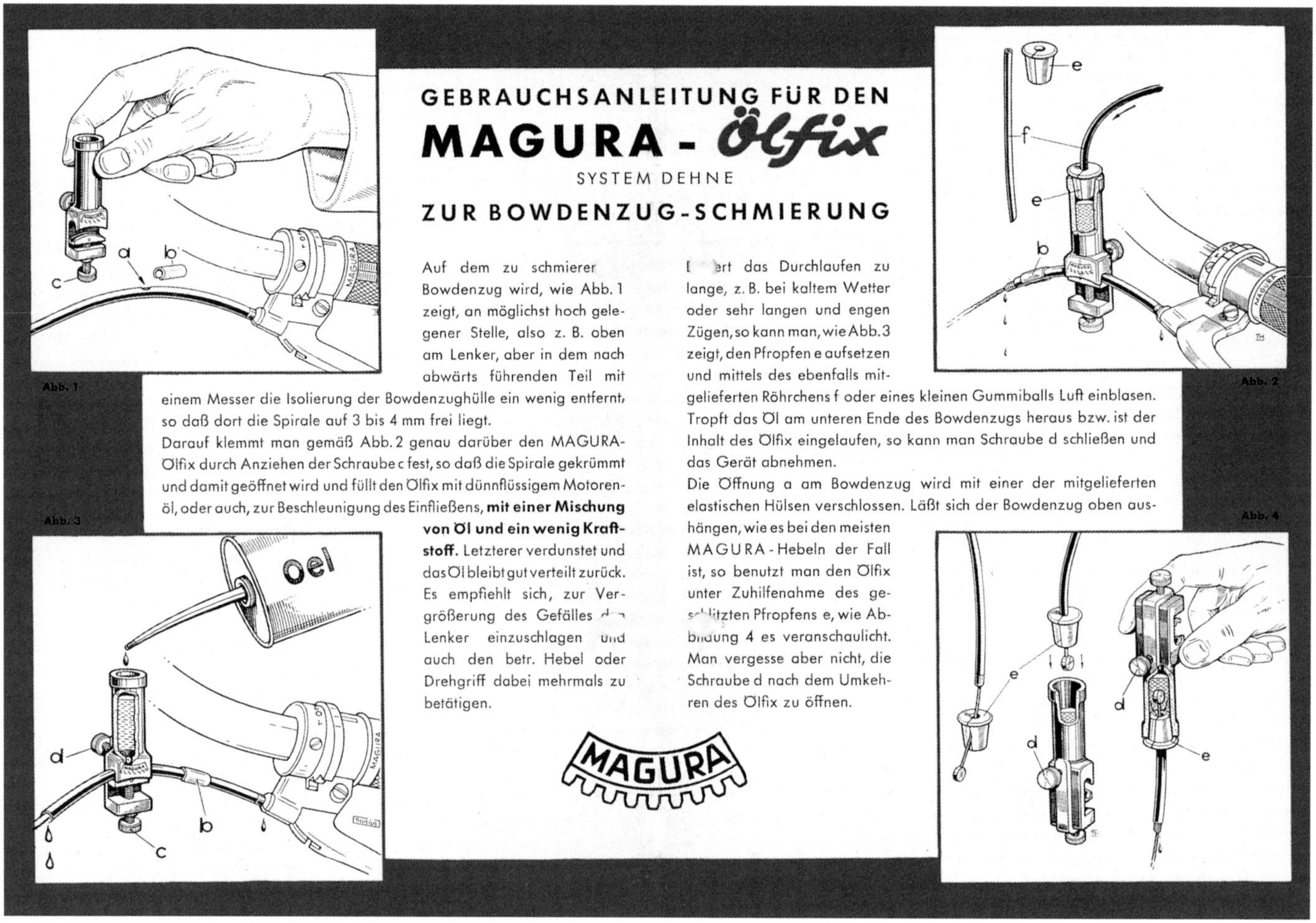

GEBRAUCHSANLEITUNG FÜR DEN

MAGURA - Ölfix

SYSTEM DEHNE

ZUR BOWDENZUG-SCHMIERUNG

Auf dem zu schmierenden Bowdenzug wird, wie Abb. 1 zeigt, an möglichst hoch gelegener Stelle, also z. B. oben am Lenker, aber in dem nach abwärts führenden Teil mit einem Messer die Isolierung der Bowdenzughülle ein wenig entfernt, so daß dort die Spirale auf 3 bis 4 mm frei liegt.

Darauf klemmt man gemäß Abb. 2 genau darüber den MAGURA-Ölfix durch Anziehen der Schraube c fest, so daß die Spirale gekrümmt und damit geöffnet wird und füllt den Ölfix mit dünnflüssigem Motorenöl, oder auch, zur Beschleunigung des Einfließens, **mit einer Mischung von Öl und ein wenig Kraftstoff.** Letzterer verdunstet und das Öl bleibt gut verteilt zurück. Es empfiehlt sich, zur Vergrößerung des Gefälles den Lenker einzuschlagen und auch den betr. Hebel oder Drehgriff dabei mehrmals zu betätigen.

Dauert das Durchlaufen zu lange, z. B. bei kaltem Wetter oder sehr langen und engen Zügen, so kann man, wie Abb. 3 zeigt, den Pfropfen e aufsetzen und mittels des ebenfalls mitgelieferten Röhrchens f oder eines kleinen Gummiballs Luft einblasen. Tropft das Öl am unteren Ende des Bowdenzugs heraus bzw. ist der Inhalt des Ölfix eingelaufen, so kann man Schraube d schließen und das Gerät abnehmen.

Die Öffnung a am Bowdenzug wird mit einer der mitgelieferten elastischen Hülsen verschlossen. Läßt sich der Bowdenzug oben aushängen, wie es bei den meisten MAGURA-Hebeln der Fall ist, so benutzt man den Ölfix unter Zuhilfenahme des geschlitzten Pfropfens e, wie Abbildung 4 es veranschaulicht. Man vergesse aber nicht, die Schraube d nach dem Umkehren des Ölfix zu öffnen.

Wie der Magura »Ölfix« funktioniert, beschreibt dieser Prospekt sehr ausführlich. Er stammt aus dem Jahr 1955.

Noch bis in die mittleren zwanziger Jahre hinein wiesen zahlreiche Motorräder keine elektrische Beleuchtung auf, sondern Azetylengaslampen, und die nostalgische Ballhupe war noch viel länger en vogue.

Rücklicht/Stoplicht-Kombination für DKW-Motorräder von 1931. Drei Buchstaben glimmen im Dunkel der Nacht... Die Bremsleuchte war bei Motorrädern damals übrigens noch nicht Vorschrift.

Motorrad-Kennzeichen mit Beleuchtung vom Lieferanten Frankonia, Mühlhausen.

Die von Frankonia angebotenen Rückstrahler gab es 1938 von 90 Pfennig an …

Ein reichhaltiges Sortiment von Motorrad-Scheinwerfern und -Rückleuchten von Roskoden, Berlin, aus dem Jahr 1933. Komplette Anlagen mit Bosch-Lichtmaschine gab es bereits für 60 Mark.

Auch die Firma Ulo gehört seit vielen Jahrzehnten zu den Motorrad-Zulieferern. Ein Prospekt von 1955.

Werbeblatt von Hella, Lippstadt, aus den fünfziger Jahren für Motorradblinker, die man nachträglich anbauen konnte.

Noris-Licht und -Zündanlagen besaßen Weltruf. Das Nach- und Umrüsten von Motorrädern war 1935 noch gang und gäbe.

Werbeblatt für Zeiler-Elektrik von 1939 – mit aufgedrucktem Morsealphabet.

Gepäcktaschen- und träger

Werbeblatt für Lietz-Gepäckträger, herausgegeben 1953. Die Angebotsliste reichte von Adler und BMW über Göricke und Hoffmann bis zu Tornax und Zündapp.

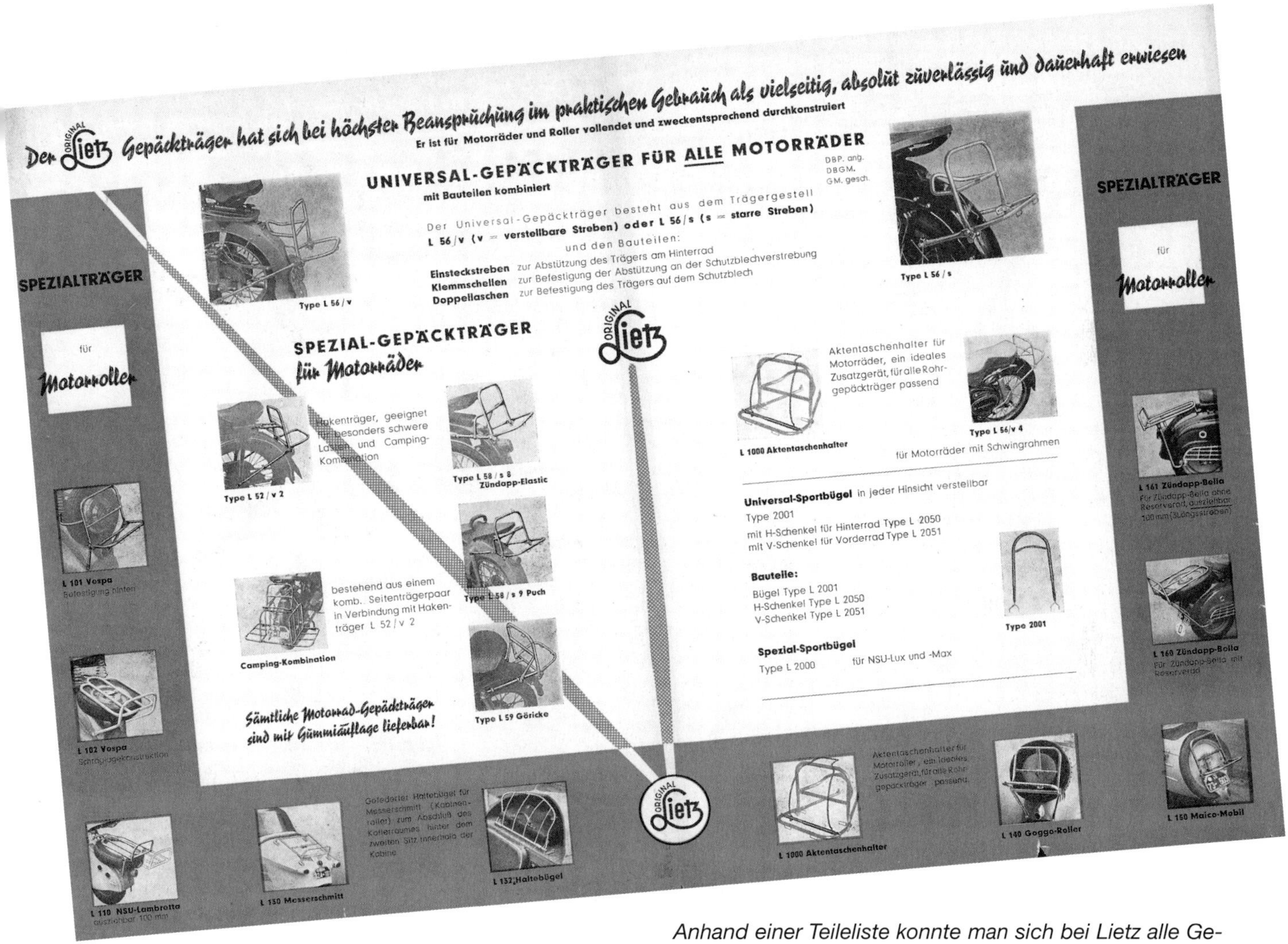

Anhand einer Teileliste konnte man sich bei Lietz alle Gepäckhalter-Elemente bestellen, die für eine bestimmte Maschine notwendig waren. Ein praktisches Baukastensystem, das auch für Kabinenroller und Scooter Varianten zuließ.

Werbung für Motorrad-Packtaschen aus dem Jahr 1925, hergestellt von der Firma Mewes & Co. in Breslau.

Angebot der Fahrrad- und Motorrad-Zubehörfirma Alfi in Augsburg aus den mittfünfziger Jahren.

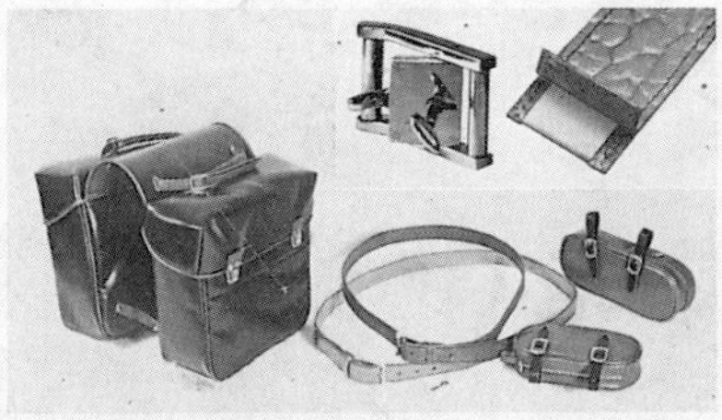

700/10 700/20 700/18 700/17

PREISVERZEICHNIS

700/10	Plastik-Doppelpacktasche mit	Steckschlösser	DM	8.60
700/11	Karo-Doppelpacktasche mit	Steckschlösser	DM	11.–
700/15	Karo-Doppelpacktasche mit	Reißverschluß	DM	12.80
700/13	Segelt.-Doppelpacktasche mit	Steckschlösser	DM	13.–
700/14	Segelt.-Doppelpacktasche mit	Riemchen und Reißv.-Vortasche	DM	14.–
700/17	Täschchen für Ersatz-Sportbereifung		DM	2.25
700/18	Fahrrad-Werkzeugtäschchen		DM	2.05
700/16	Segeltuch-Tankrucksack		DM	9.90
700/19	Segeltuchkoffer, innen abwaschbar, mit Reißverschluß weich gearbeitet, geeignet für den fortschrittlichen Motorrad- und Rollerfahrer		DM	17.95

Achtung! **NEUHEIT!**

700/20 Diebsicherer Befestigungsgurt - ges. gechützt.
Durch das eingenähte Stahlband und die verchließbare Schnalle gewährt der Riemen 100%igen Schutz gegen Entwendung von Reisegepäck.

Ausführungen:	Leder	DM	5.70
	Plastik	DM	4.60

LEDERWAREN- UND KOFFERFABRIK

Augsburg-Göggingen

Gögginger Landstr. 72 · Tel. 8467

Wollen

Sie sich, bitte, heute davon überzeugen, was Ihnen die Spezialfabrik für

Fahrrad- und Motorradbedarf

in Preis und Qualität bietet!

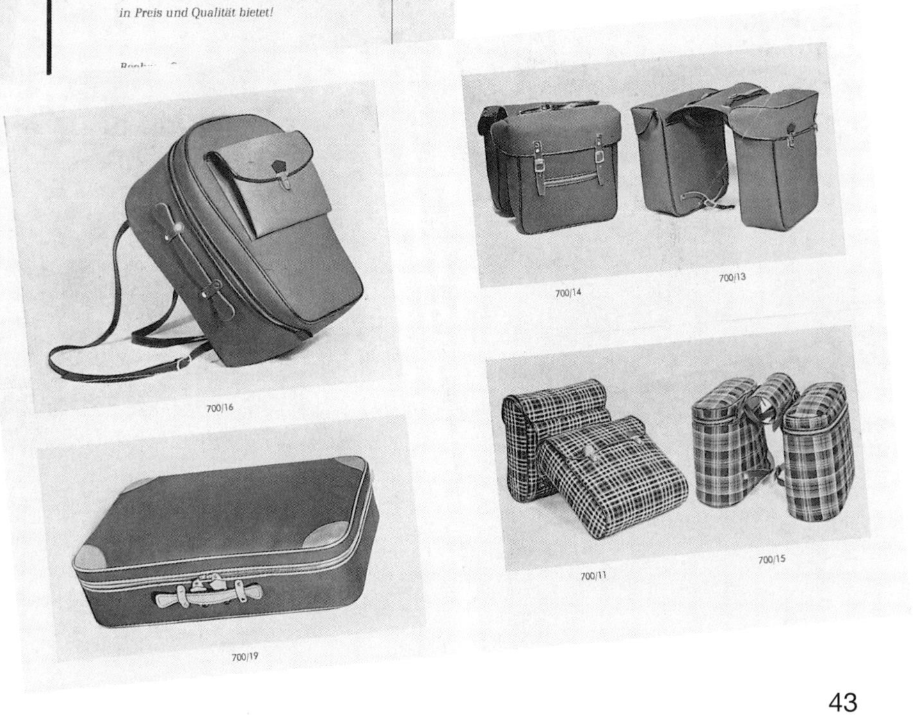

Schottenkaro war hochmodern in jenen Jahren, auch auf Campingliegen und Luftmatratzen.

Kofferträger, PacktaschenTankpacktaschen

Leder-Gepäcktaschen (Abb. oben links)
Eine erstklassige Ledergepäcktasche aus starkem schwarzen Leder mit abschließbarem Schnellverschluß. Der Taschendeckel ist weit übergreifend und die Tasche hat eine Boden- und Rückenverstärkung mit Metallschiene. Die drei Halteriemen sind verstellbar, so daß die Anbringung an den meisten Motorradtypen möglich ist.
Maße: 12x34x26 Nr.: M 3915
Maße: 14x34x35 Nr.: M 3916

Universal-Gepäcktaschen (Abb. oben mitte)
Die Taschen sind aus einem schweren schwarzen wasserdichten PVC-Material hergestellt und haben ein Blechgehäuse, an dem man leicht Befestigungsteile montieren kann. Maße: 14 x 40 x 40
Tasche ohne Halter Nr.: M 320PB
Tasche mit Halteriemen und Befestigungsteilen Nr.: M 320/45

Drachen-Gepäckkoffer aus Glasfiber (Abb. oben rechts)
Diese Qualitäts-Garnitur mit passendem Halter und Gepäckträger ist für die meisten Motorradmodelle auch BMW lieferbar. Wasserdichte Ausführung mit überlapptem Deckel und Regenleiste. Sicherheitshalter ermöglichen schnelles Ab- und Anmontieren. Großer Innenraum 42 x 38 x 1
Nr.: DOLO

Mehrzweckkoffer "Roma" (Abb. links)
Konische Form, aus robustem wetterfesten Kunststoff, Gummidichtung.
Maße: 53 x 38 x 20cm, Farbe grau Nr.: ROMA

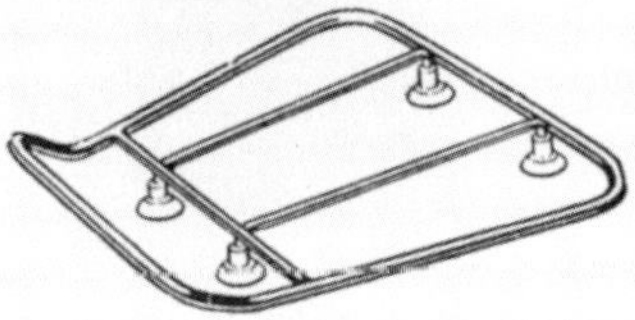

Tankgepäckträger (Abb. links)
Ein idealer Gepäckträger in verchromter Ausführung. Einfache Befestigung auf dem Tank durch Saugnäpfe und Elastogummiriemen.
Nr.: PTL 3

Angebot an Packtaschen des Importeurs Detlev Louis in Hamburg aus dem Jahr 1960.

Instrumente zum nachträglichen Anbau gab es stets genügend. Bis in die dreißiger Jahre hinein zählte sogar ein Tacho zum Sonderzubehör.

*Schon immer haben Versandhäuser dem Motorrad-Enthusiasten »alles« angeboten; die Konkurrenz war groß. Und da die Umsätze im Herbst nachzulassen begannen, war man zur Gewährung von Rabatten bereit …
Ein Inserat von 1926.*

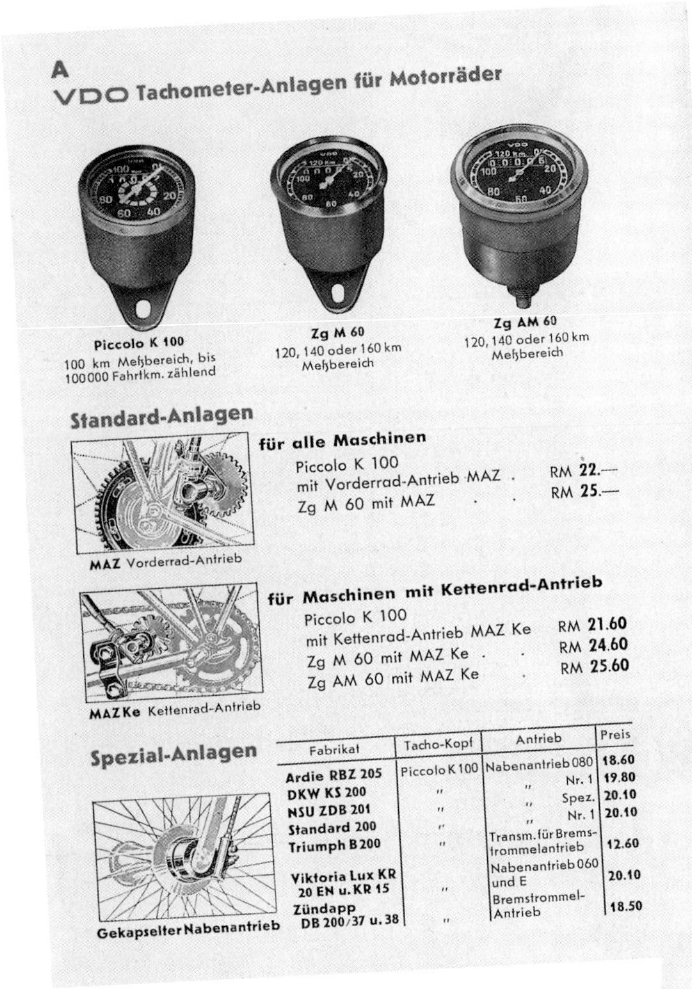

A

VDO Tachometer-Anlagen für Motorräder

Piccolo K 100
100 km Meßbereich, bis 100000 Fahrtkm. zählend

Zg M 60
120, 140 oder 160 km Meßbereich

Zg AM 60
120, 140 oder 160 km Meßbereich

Standard-Anlagen

MAZ Vorderrad-Antrieb

für alle Maschinen

Piccolo K 100 mit Vorderrad-Antrieb MAZ .	RM **22.—**
Zg M 60 mit MAZ . .	RM **25.—**

MAZ Ke Kettenrad-Antrieb

für Maschinen mit Kettenrad-Antrieb

Piccolo K 100 mit Kettenrad-Antrieb MAZ Ke	RM **21.60**
Zg M 60 mit MAZ Ke . .	RM **24.60**
Zg AM 60 mit MAZ Ke .	RM **25.60**

Spezial-Anlagen

Gekapselter Nabenantrieb

Fabrikat	Tacho-Kopf	Antrieb	Preis
Ardie RBZ 205	Piccolo K 100	Nabenantrieb 080	**18.60**
DKW KS 200	"	" Nr. 1	**19.80**
NSU ZDB 201	"	" Spez.	**20.10**
Standard 200	"	" Nr. 1	**20.10**
Triumph B 200	"	Transm. für Bremstrommelantrieb	**12.60**
Viktoria Lux KR 20 EN u. KR 15	"	Nabenantrieb 060 und E	**20.10**
Zündapp DB 200/37 u. 38	"	Bremstrommel-Antrieb	**18.50**

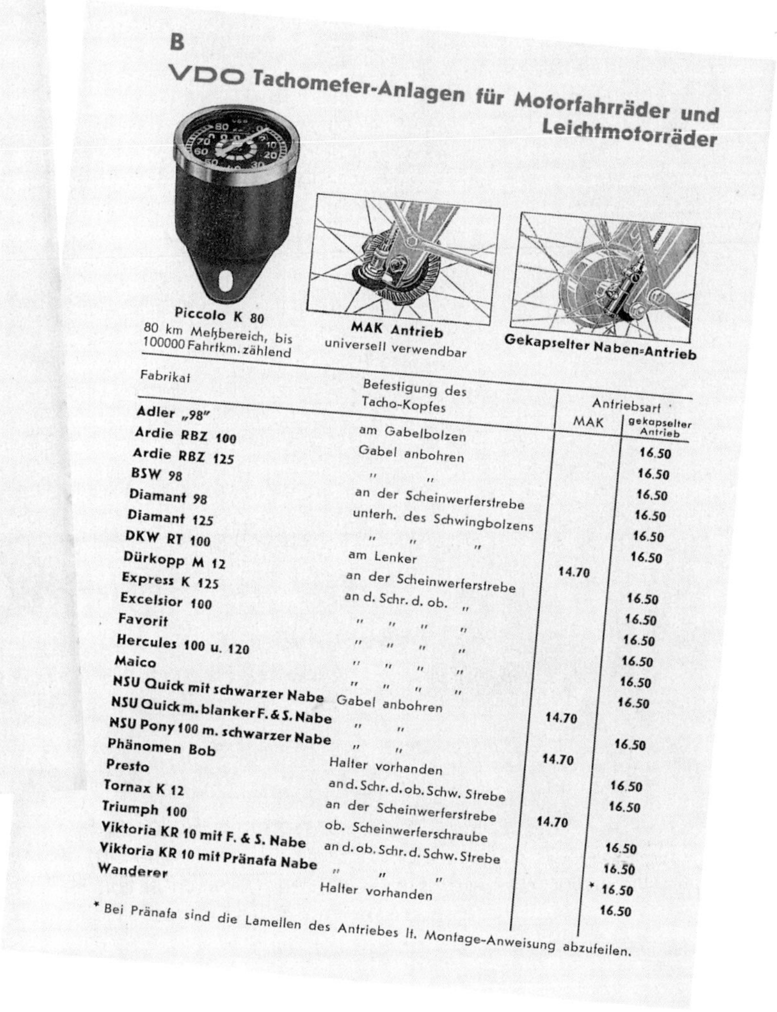

B

VDO Tachometer-Anlagen für Motorfahrräder und Leichtmotorräder

Piccolo K 80
80 km Meßbereich, bis 100000 Fahrtkm. zählend

MAK Antrieb
universell verwendbar

Gekapselter Naben-Antrieb

Fabrikat	Befestigung des Tacho-Kopfes	Antriebsart MAK	Antriebsart gekapselter Antrieb
Adler „98"	am Gabelbolzen		**16.50**
Ardie RBZ 100	Gabel anbohren		**16.50**
Ardie RBZ 125	" "		**16.50**
BSW 98	an der Scheinwerferstrebe		**16.50**
Diamant 98	unterh. des Schwingbolzens		**16.50**
Diamant 125	" " "		**16.50**
DKW RT 100	am Lenker	**14.70**	
Dürkopp M 12	an der Scheinwerferstrebe		**16.50**
Express K 125	an d. Schr. d. ob. "		**16.50**
Excelsior 100	" " " "		**16.50**
Favorit	" " " "		**16.50**
Hercules 100 u. 120	" " " "		**16.50**
Maico	" " " "		**16.50**
NSU Quick mit schwarzer Nabe	Gabel anbohren	**14.70**	
NSU Quick m. blanker F. & S. Nabe	" "		**16.50**
NSU Pony 100 m. schwarzer Nabe	" "	**14.70**	
Phänomen Bob	Halter vorhanden		**16.50**
Presto	an d. Schr. d. ob. Schw. Strebe		**16.50**
Tornax K 12	an der Scheinwerferstrebe	**14.70**	
Triumph 100	ob. Scheinwerferschraube		**16.50**
Viktoria KR 10 mit F. & S. Nabe	an d. ob. Schr. d. Schw. Strebe		**16.50**
Viktoria KR 10 mit Pränafa Nabe	" "		* **16.50**
Wanderer	Halter vorhanden		**16.50**

* Bei Pränafa sind die Lamellen des Antriebes lt. Montage-Anweisung abzufeilen.

Seiten aus einem Prospekt des Instrumentenherstellers VDO, Frankfurt am Main, aus dem Jahr 1938. Hier werden nicht nur Tachometer, sondern auch die Antriebe dafür angeboten.

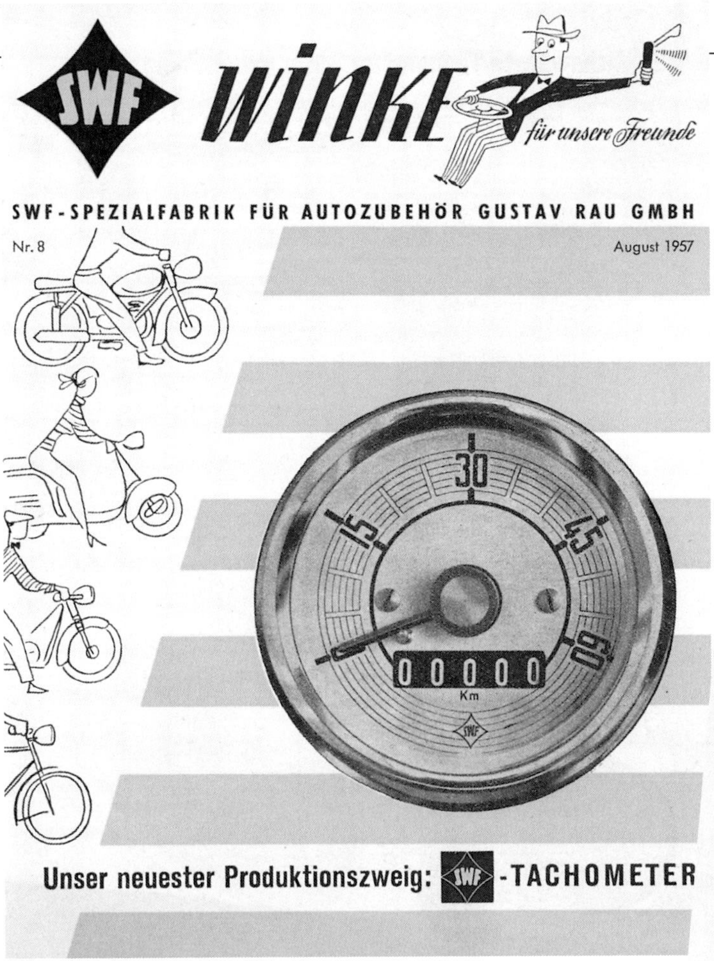

Informationsblatt der Firma SWF, Gustav Rau GmbH, Bietigheim, aus dem Jahr 1957.

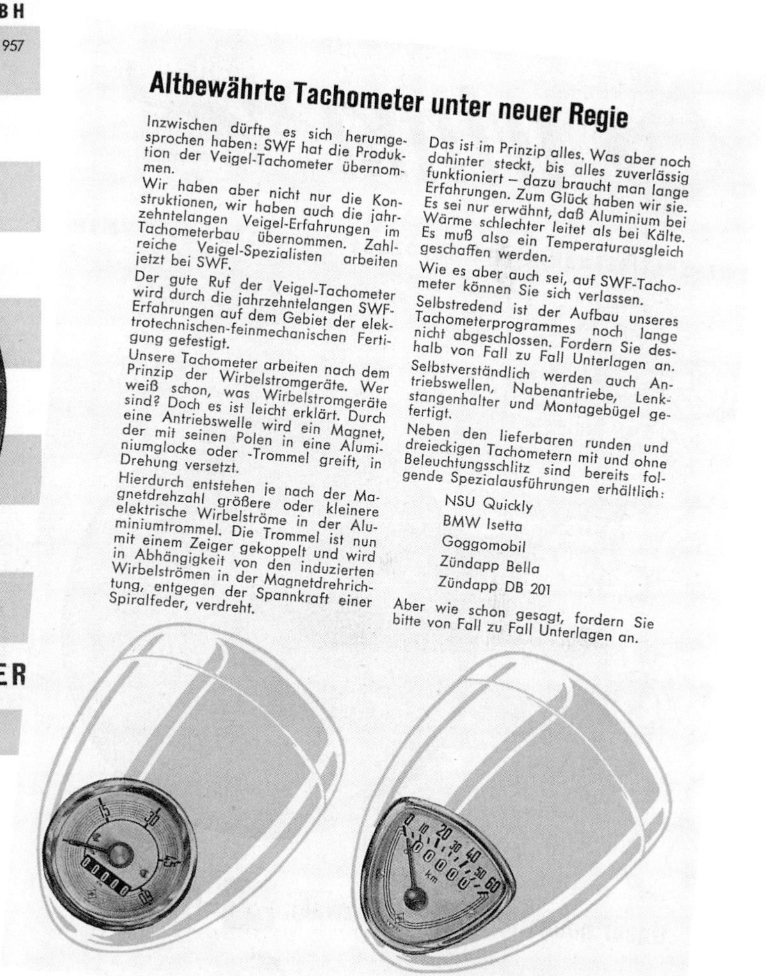

Altbewährte Tachometer unter neuer Regie

Inzwischen dürfte es sich herumgesprochen haben: SWF hat die Produktion der Veigel-Tachometer übernommen.

Wir haben aber nicht nur die Konstruktionen, wir haben auch die jahrzehntelangen Veigel-Erfahrungen im Tachometerbau übernommen. Zahlreiche Veigel-Spezialisten arbeiten jetzt bei SWF.

Der gute Ruf der Veigel-Tachometer wird durch die jahrzehntelangen SWF-Erfahrungen auf dem Gebiet der elektrotechnischen-feinmechanischen Fertigung gefestigt.

Unsere Tachometer arbeiten nach dem Prinzip der Wirbelstromgeräte. Wer weiß schon, was Wirbelstromgeräte sind? Doch es ist leicht erklärt. Durch eine Antriebswelle wird ein Magnet, der mit seinen Polen in eine Aluminiumglocke oder -Trommel greift, in Drehung versetzt.

Hierdurch entstehen je nach der Magnetdrehzahl größere oder kleinere elektrische Wirbelströme in der Aluminiumtrommel. Die Trommel ist nun mit einem Zeiger gekoppelt und wird in Abhängigkeit von den induzierten Wirbelströmen in der Magnetdrehrichtung, entgegen der Spannkraft einer Spiralfeder, verdreht.

Das ist im Prinzip alles. Was aber noch dahinter steckt, bis alles zuverlässig funktioniert – dazu braucht man lange Erfahrungen. Zum Glück haben wir sie. Es sei nur erwähnt, daß Aluminium bei Wärme schlechter leitet als bei Kälte. Es muß also ein Temperaturausgleich geschaffen werden.

Wie es aber auch sei, auf SWF-Tachometer können Sie sich verlassen.

Selbstredend ist der Aufbau unseres Tachometerprogrammes noch lange nicht abgeschlossen. Fordern Sie deshalb von Fall zu Fall Unterlagen an.

Selbstverständlich werden auch Antriebswellen, Nabenantriebe, Lenkstangenhalter und Montagebügel gefertigt.

Neben den lieferbaren runden und dreieckigen Tachometern mit und ohne Beleuchtungsschlitz sind bereits folgende Spezialausführungen erhältlich:

NSU Quickly
BMW Isetta
Goggomobil
Zündapp Bella
Zündapp DB 201

Aber wie schon gesagt, fordern Sie bitte von Fall zu Fall Unterlagen an.

Instrumente für den Einbau in Leichtmotorräder, Roller und Kleinstmobile à la Goggomobil und BMW Isetta. Man klärt den Leser auf, daß SWF die Tachometerherstellung von Veigel übernommen hat.

Erprobte

UNION

Mopedketten

Nr.	Teilung	Laschendicke
9610	1/2 x 3/16"	1,25 mm
9611	1/2 x 3/16"	1,8 mm

Lieferbar in abgepaßten Längen und als Meterware in handelsüblichen Abschnitten.

Als Schrittmacher für den Bau von „mopedgerechten" Ketten wählten wir von Anfang an den Bolzen mit 4,06 mm ⌀. Dies ergibt eine größere Gelenkfläche und damit geringeren Verschleiß.

Nr.	Bolzen ⌀	x Hülsenbreite	= Gelenkfläche
9610	4,06 mm	7,6 mm	31 mm²
9611	4,06 mm	8,65 mm	35 mm²

UNION

U

Man könnte meinen, die Firma Union werbe für Präzisions-Meßinstrumente. Es geht aber um die Darstellung der Genauigkeit bei der Herstellung von Mopedketten.

Jwis-Ketten sind ein Produkt der früheren Wanderer-Werke Johann Winklhofer Söhne, München (einst Schönau/ Chemnitz, Sachsen). Der lustig aufgemachte Faltprospekt stammt von 1955.

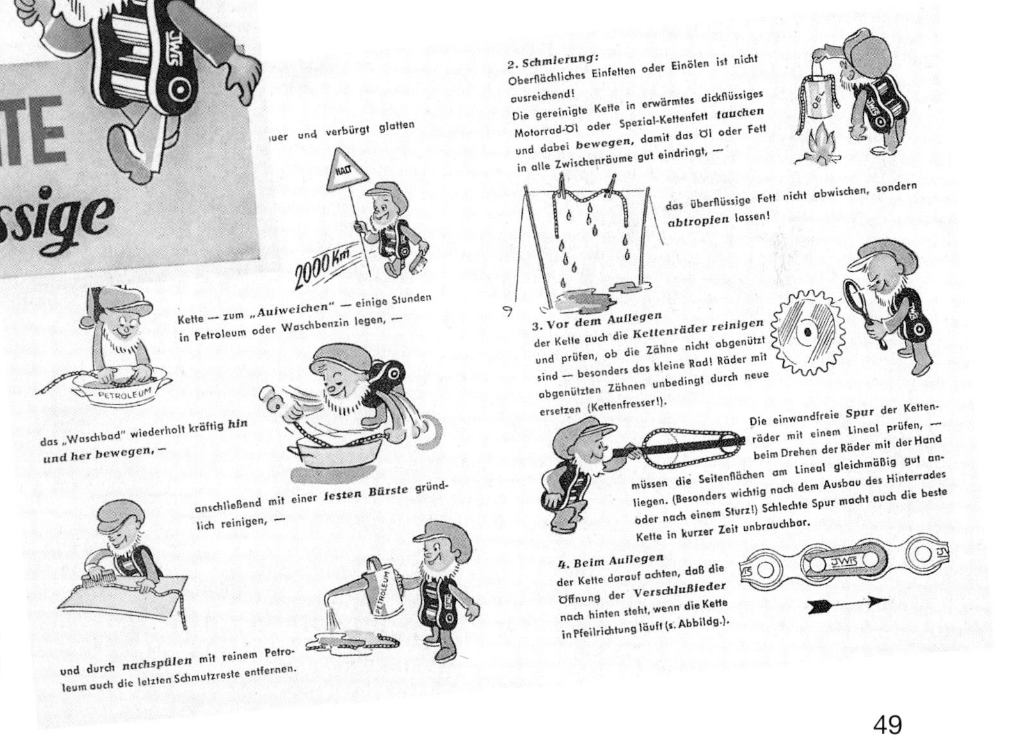
…uer und verbürgt glatten

Kette — zum „*Aufweichen*" — einige Stunden in Petroleum oder Waschbenzin legen, —

das „Waschbad" wiederholt kräftig ***hin und her bewegen***, —

anschließend mit einer ***festen Bürste*** gründlich reinigen, —

und durch ***nachspülen*** mit reinem Petroleum auch die letzten Schmutzreste entfernen.

2. Schmierung:
Oberflächliches Einfetten oder Einölen ist nicht ausreichend!
Die gereinigte Kette in erwärmtes dickflüssiges Motorrad-Öl oder Spezial-Kettenfett ***tauchen*** und dabei ***bewegen***, damit das Öl oder Fett in alle Zwischenräume gut eindringt, —

das überflüssige Fett nicht abwischen, sondern ***abtropfen*** lassen!

9

3. Vor dem Auflegen
der Kette auch die ***Kettenräder reinigen*** und prüfen, ob die Zähne nicht abgenützt sind — besonders das kleine Rad! Räder mit abgenützten Zähnen unbedingt durch neue ersetzen (Kettenfresser!).

Die einwandfreie ***Spur*** der Kettenräder mit einem Lineal prüfen, — beim Drehen der Räder mit der Hand müssen die Seitenflächen am Lineal gleichmäßig gut anliegen. (Besonders wichtig nach dem Ausbau des Hinterrades oder nach einem Sturz!) Schlechte Spur macht auch die beste Kette in kurzer Zeit unbrauchbar.

4. Beim Auflegen
der Kette darauf achten, daß die Öffnung der ***Verschlußglieder*** nach hinten steht, wenn die Kette in Pfeilrichtung läuft (s. Abbildg.).

Tips zur Kettenpflege von Jwis, ein wichtiges Kapitel für jeden Zweiradbesitzer.

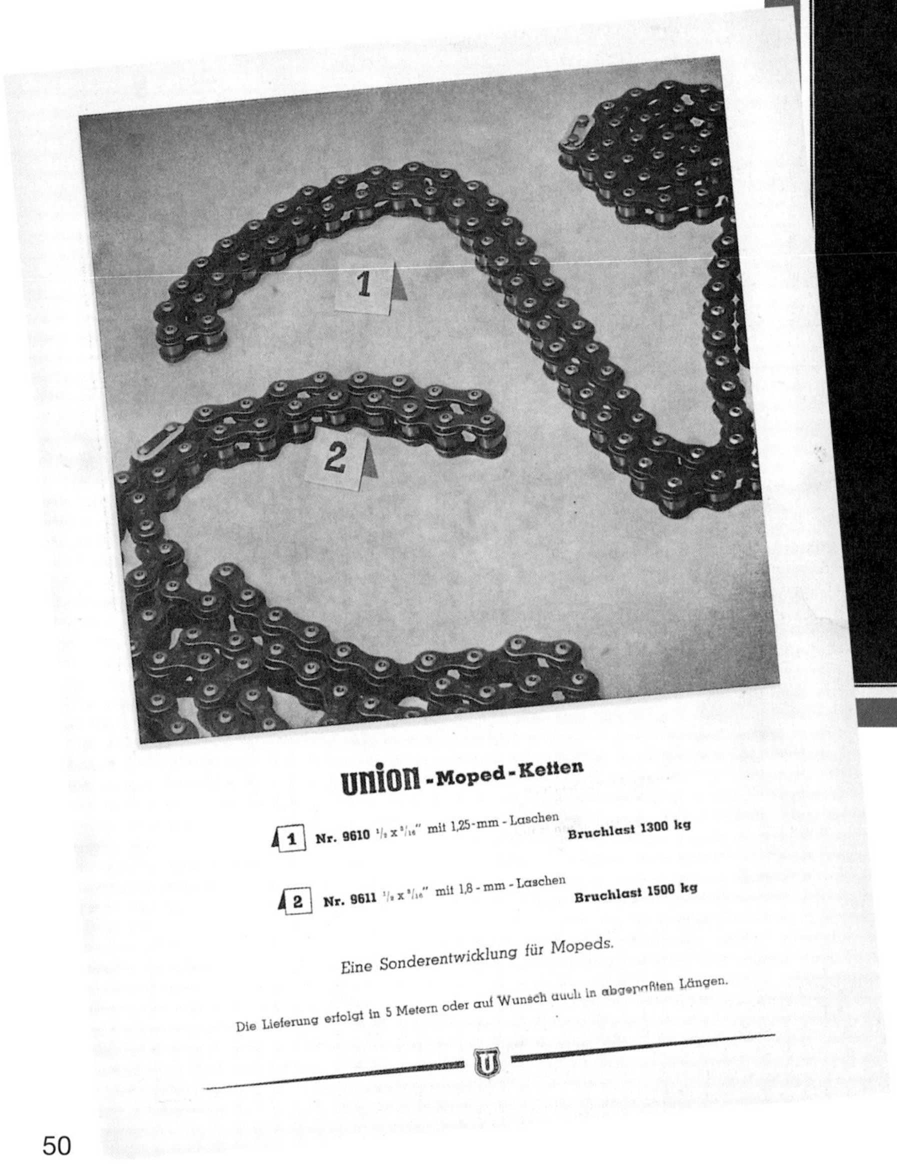

Union-Prospekt für Mopedketten, verteilt an Werkstätten: Welcher Privatkunde brauchte fünf Kettenmeter im Stück?

Ende 1960 gedrucktes farbiges Prospektblatt für Ruberg-Motorradketten. Stolz wird auf die vielen Sporterfolge verwiesen, die Maschinen mit Ruberg-Ketten errangen.

Peters Union war schon in den zwanziger Jahren einer der bekanntesten Reifenlieferanten und hatte Repräsentanzen überall in Europa.

Inserat von 1936 für das österreichische Reifenfabrikat Semperit.

Meisterhafte Gebrauchsgrafik 1925: Inserat des deutschen Firestone-Reifenimporteurs in der Zeitschrift »Motorrad«.

Mitte der fünfziger Jahre von Continental veröffentlichter Prospekt für Motorradbereifung vom Typ LB. Solche rasanten Darstellungen ließen sich fotografisch kaum bringen, darum bevorzugte man die Aquarelltechnik.

1956 veröffentlichter Prospekt für Conti-Geländereifen.

Gummi-Mayer: In ganz Deutschland ein Begriff für runderneuerte Reifen. Dieses Prospektblatt von 1957 listet 66 GM-Filialen im Bundesgebiet auf.

Wittkop ist einer der großen Namen auf dem Gebiet der Sattelherstellung. Dieses Prospektblatt datiert von etwa 1930.

1955 herausgegebener Katalog für Denfeld-Sättel. Denfeld in Bad Homburg – wo auch die Horex gebaut wurde – war ein Weltbegriff.

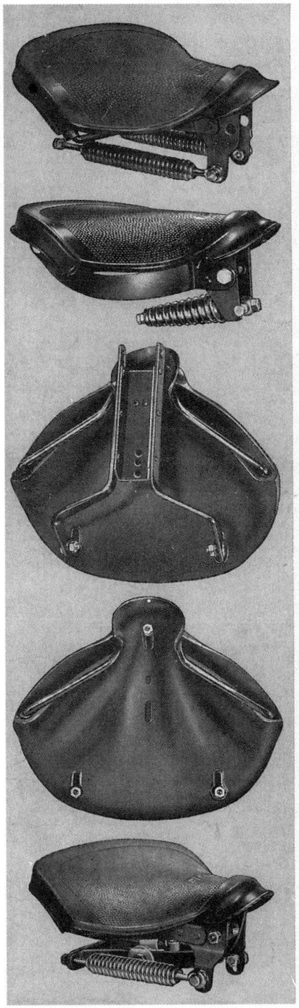

Fahrer-Schwing-Sättel BGM

mit äußerst elastischer Sattelnase und verstellbarer Sportkante. Durch Veränderung der Hebellänge drei Gewichts-Verstellmöglichkeiten. — Verschiedene Ausführungen für die entsprechenden Motorradtypen.

Nr. 100 S

Freitragende Gummidoppeldecke, 2 Zugfedern

/**30** Dürkopp
/**42** Göricke
/**75** Panther
/**93** UT

pro Stück DM **26.50**

Originalkarton 10 Stück Inhalt

Weitere Spezialausführungen für die verschiedenen Motorradtypen nach Anfrage.

Nr. 102

Fahrersattel mit konischer Druckfeder

/**42** Göricke

pro Stück DM **26.50**

Nr. 103

Fahrersattel für Druckfedern

/**54** Horex
/**93** UT

pro Stück DM **20.50**

Nr. 104

freitragende Gummi-Doppeldecke mit Spannrahmen, Dreipunktbefestigung

/**11** Adler
/**22** BMW
/**29** DKW
/**71** NSU
/**99** Zündapp

pro Stück DM **16.—**

Weitere Spezialausführungen für die verschiedenen Motorradtypen nach Anfrage.

Nr. 105

/**96** Venus DS 100

Gestelle und Gummidecke beige

pro Stück DM **31.—**

Fahrersattel für Leichtmotorräder

Sattelstützenbefestigung

Nr. 101 S

freitragende Gummi-Doppeldecke

pro Stück DM **28.—**

Originalkarton 5 Stück Inhalt

Für Buntlackierung wird ein Bruttoaufpreis von DM 1.— pro Stück berechnet.

4

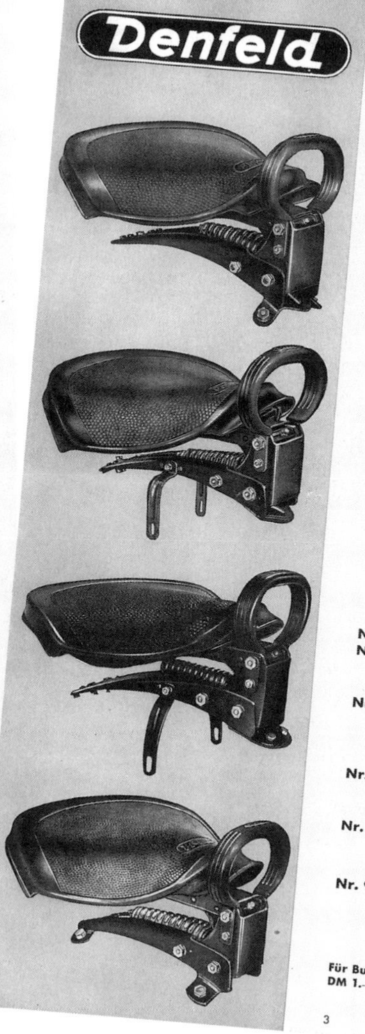

Kotflügel-Sozius-Sättel BGM

Äußerst elastische Sattelnase.
Sitzfläche und Sportkante verstellbar.
Die neuartige Einstellung des Sattel-Oberteils garantiert eine immer waagerechte Sitzfläche. Ein gut ausgearbeitetes Federelement und vorteilhafte Drehpunktlagerung gewährleisten ein ruhiges, stoßfreies Fahren. Belastungseinstellung durch Veränderung der Federvorspannung.

Nr. 80 Bücker
Hoffmann-Gouverneur
NSU-Lux und Max

pro Stück DM **32.—**

NSU-Lux und Max
Gestelle silber, blau, grün oder sandgrau, Gummidecke und Griff beige

pro Stück DM **36.—**

Originalkarton 4 Stück Inhalt

Nr. 85 Adler MB 150-250, M 201, M 2011

pro Stück DM **33.—**

Originalkarton 4 Stück Inhalt

Nr. 86 Bastert, DKW, Expreß, Horex, Miele

pro Stück DM **32.—**

Seitliche Zusatzbügel:

Nr. 20	Ardie BD 176	DM 1.—
Nr. 21	DKW RT 125/2, Miele 150 ccm, Bastert 175 ccm	DM 1.—
Nr. 22	DKW RT 175, RT 200/2	DM 1.—
Nr. 23	DKW RT 200/250	DM 1.—
Nr. 24	Expreß, Ardie BZ 250 u. 350	DM 1.—
Nr. 25	Horex	DM 1.—

Originalkarton 4 Stück Inhalt

Nr. 87 Viktoria KR 25 und KR 26
Nr. 88 BMW 250, 500 und 600 ccm

pro Stück DM **33.—**

Nr. 89 Triumph BDG 250 L 350 Boss

pro Stück DM **33.—**

Originalkarton 4 Stück Inhalt

Nr. 94 Puch 175 SV, 250 SGS

pro Stück DM **34.—**

Nr. 95 Göricke, Puch, Rixe, Tornax, englische Triumph, B.S.A. 250 ccm, und sonstige in- und ausländische Maschinen (Rundprofil)

Nr. 96 Venus DS 100
Gestelle und Gummidecke beige

pro Stück DM **32.—**

Originalkarton 4 Stück Inhalt

Für Buntlackierung wird ein Bruttoaufpreis von DM 1.— pro Stück berechnet.

3

Zwei Seiten aus dem 1955er Denfeld-Katalog. Farbige statt schwarze Lackierung der mechanischen Teile wurde für nur eine Mark Aufpreis vorgenommen.

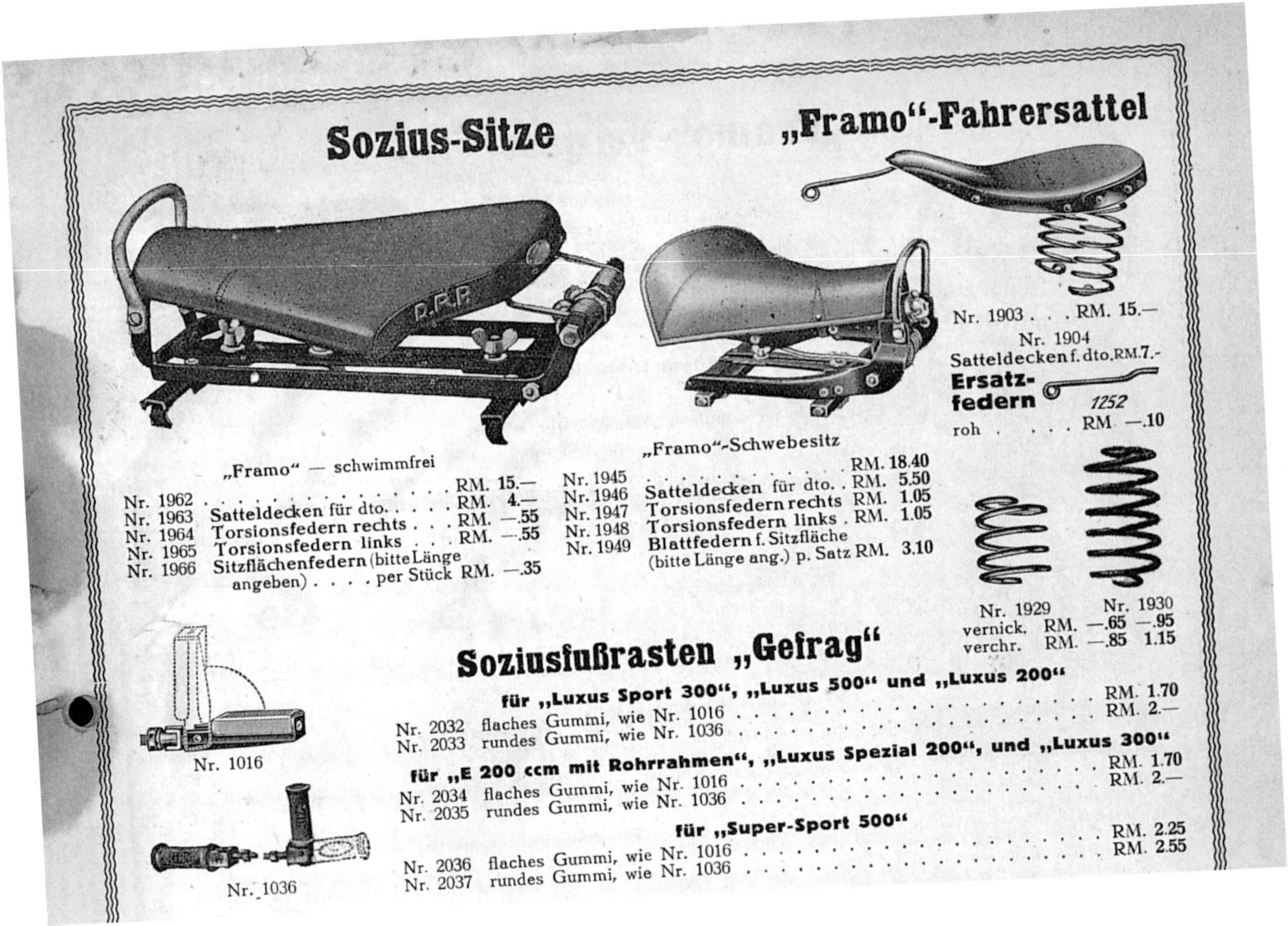

Sozius-Sitze

„Framo" — schwimmfrei

Nr. 1962 . . . . RM. 15.—
Nr. 1963 Satteldecken für dto. . . . . RM. 4.—
Nr. 1964 Torsionsfedern rechts . . . RM. —.55
Nr. 1965 Torsionsfedern links . . . RM. —.55
Nr. 1966 Sitzflächenfedern (bitte Länge angeben) . . . . per Stück RM. —.35

„Framo"-Schwebesitz

Nr. 1945 . . . . RM. 18.40
Nr. 1946 Satteldecken für dto. . RM. 5.50
Nr. 1947 Torsionsfedern rechts RM. 1.05
Nr. 1948 Torsionsfedern links . RM. 1.05
Nr. 1949 Blattfedern f. Sitzfläche (bitte Länge ang.) p. Satz RM. 3.10

„Framo"-Fahrersattel

Nr. 1903 . . . RM. 15.—
Nr. 1904 Satteldecken f. dto. RM. 7.-

Ersatzfedern 1252
roh . . . . RM —.10

	Nr. 1929	Nr. 1930
vernick. RM.	—.65	—.95
verchr. RM.	—.85	1.15

Soziusfußrasten „Gefrag"

für „Luxus Sport 300", „Luxus 500" und „Luxus 200"

Nr. 2032 flaches Gummi, wie Nr. 1016 . . . . RM. 1.70
Nr. 2033 rundes Gummi, wie Nr. 1036 . . . . RM. 2.—

für „E 200 ccm mit Rohrrahmen", „Luxus Spezial 200", und „Luxus 300"

Nr. 2034 flaches Gummi, wie Nr. 1016 . . . . RM. 1.70
Nr. 2035 rundes Gummi, wie Nr. 1036 . . . . RM. 2.—

für „Super-Sport 500"

Nr. 2036 flaches Gummi, wie Nr. 1016 . . . . RM. 2.25
Nr. 2037 rundes Gummi, wie Nr. 1036 . . . . RM. 2.55

Nr. 1016

Nr. 1036

Beispiel aus einem Zubehörangebot für Motorradsättel aus dem Jahr 1928 von der Firma Framo, die zu J. S. Rasmussens DKW-Gruppe gehörte.

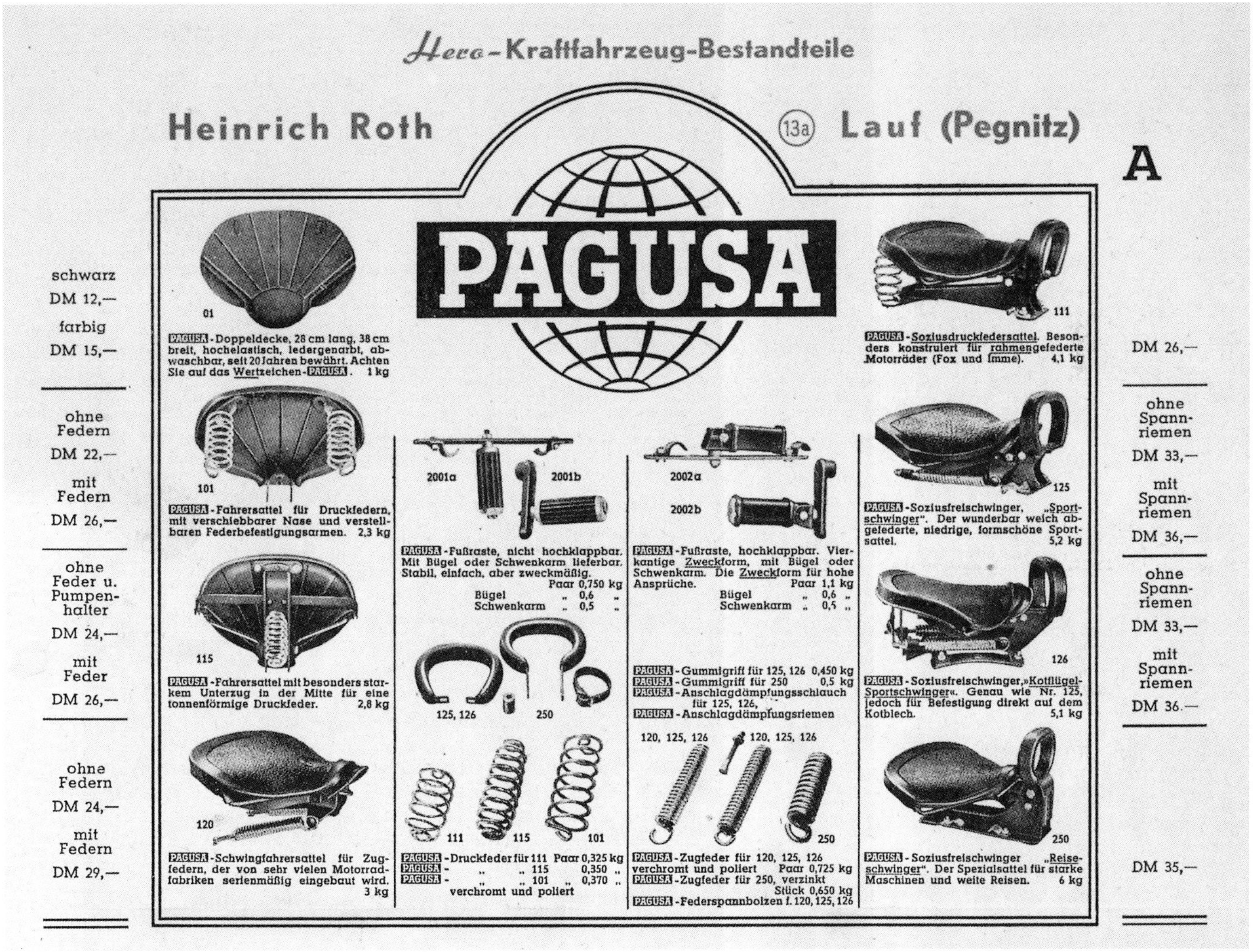

Wie Denfeld und Wittkop zählte auch Pagusa seit langem zu den prominenten Sattelherstellern. Dieser Prospekt wurde 1952 veröffentlicht.

Drilastic-Sättel und Soziussitze

D. R. P. und A. P.

kennzeichnen sich durch die

einzigartige Drilastic-Decke mit ihren anerkannten Vorzügen:

Schmiegsamer weicher Sitz
Größte Elastizität
Stets gleichbleibende schöne Form
Absolute Wasser- und Wetterfestigkeit
Außerordentlich lange Lebensdauer
Kein Erschlaffen der Decke
Kein Nachlassen der Spannung
Kein Warmwerden

Drilastic-Schwing-Soziussitz

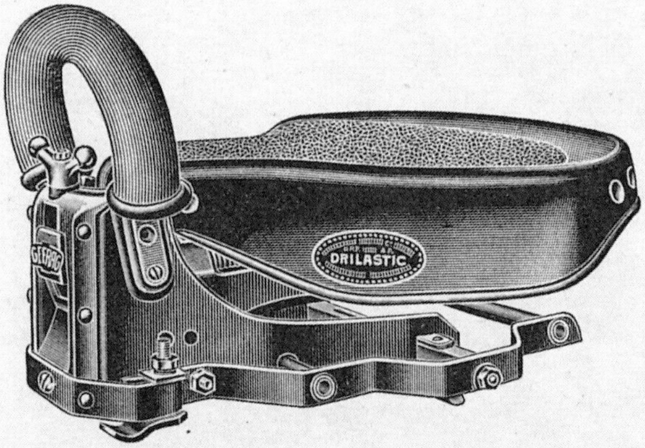

D. R. P. und D. R. G. M.

mit Momentverstellung **während der Fahrt**

Besonderer Vorzug: Kräftiger, elastischer Handgriff, bestehend aus einer Spiralfeder, die mit geriffeltem Gummi überzogen ist.

Nr. **146** **ohne** Sportkante . . . RM **22.50 + 0.63**
Größe der Sitzfläche 32 X 32 cm

Nr. **147** **mit** Sportkante . . . . RM **24.50 + 0.75**
Größe der Sitzfläche 34 cm lang X 38 cm breit

Die Soziussitze Nr. 146/147 sind im Untergestell mit einer Vorrichtung versehen, die es ermöglicht, links und rechts je einen Kofferträger Nr. 1191 laut Abbildung u. Beschreibung auf Seite 3 anzubringen

Unerreicht in Güte und Haltbarkeit und damit auch in der Preiswürdigkeit.

Ein weiterer Name von Rang: Drilastic. Eine Anzeige von 1939, als in Deutschland Preiszuschläge für alle Artikel aus Gummi erhoben wurden.

Denfeld-Katalogseiten aus den späten fünfziger Jahren für den Motorrad-Fachhandel.

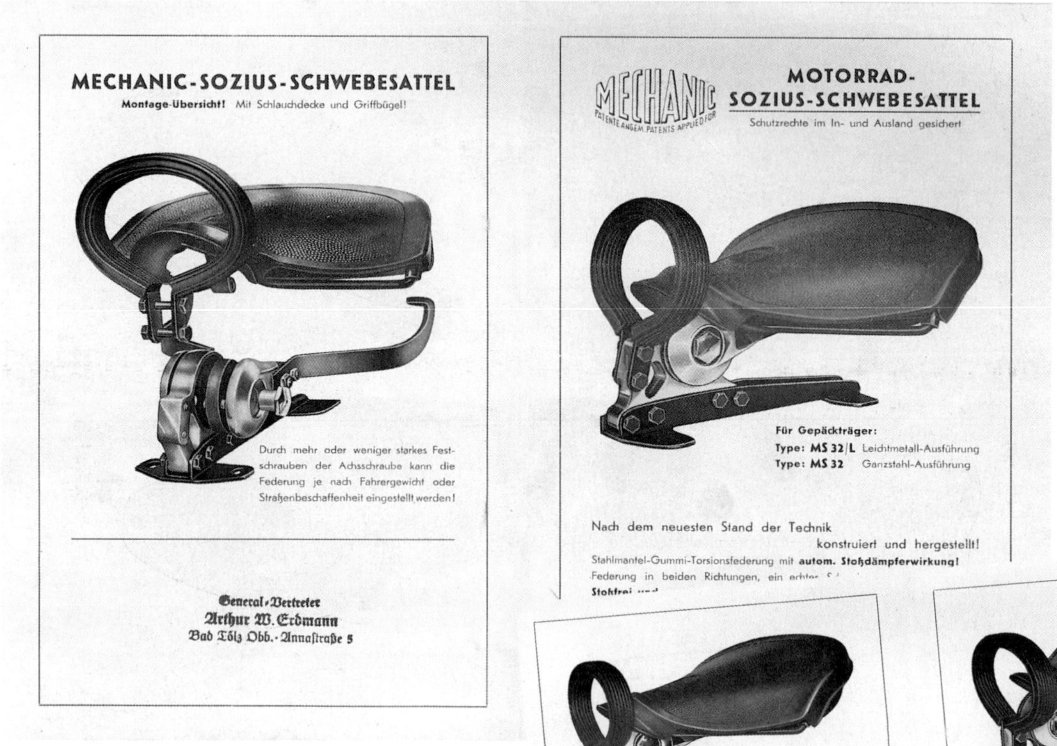

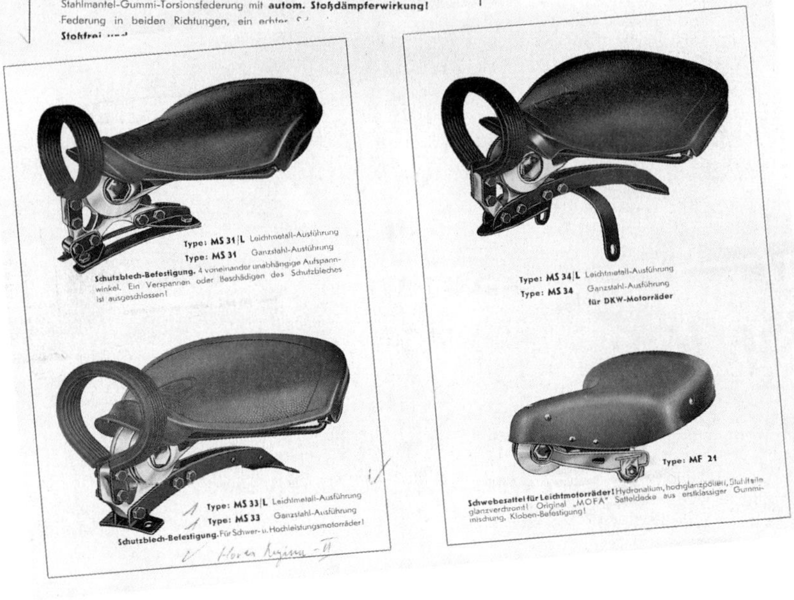

Der Mechanic-Sattel war Importware. Der kleine Faltprospekt mit Händlerstempel aus Bad Tölz dürfte von etwa 1957/58 stammen.

1955er Zubehörprospekt. Mit der Angabe von 30 Prozent Grundrabatt richtete sich die Firma Propeller an Wiederverkäufer.

Innenseite mit dem Sattelangebot aus dem Propeller-Prospekt.

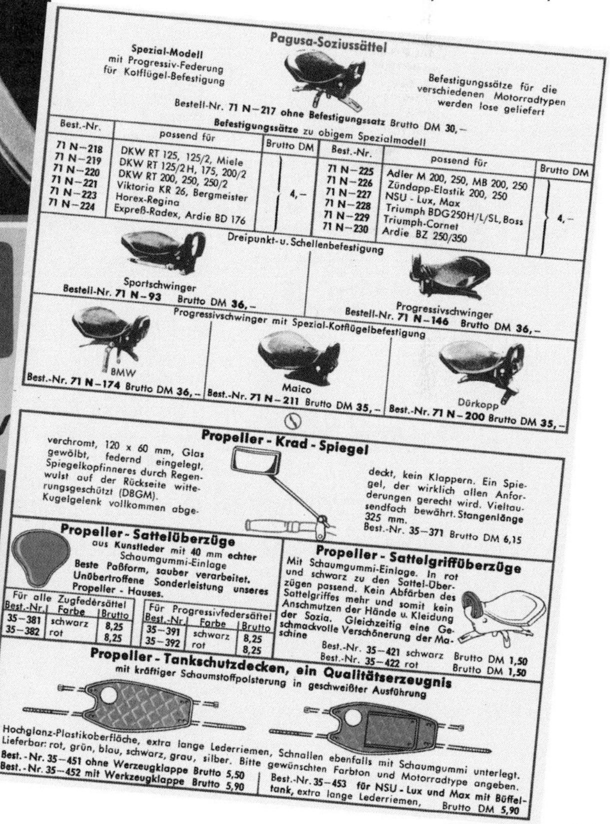

Pagusa-Soziussättel

Spezial-Modell mit Progressiv-Federung für Kotflügel-Befestigung

Befestigungssätze für die verschiedenen Motorradtypen werden lose geliefert

Bestell-Nr. **71 N–217 ohne Befestigungssatz** Brutto DM **30,–**

Befestigungssätze zu obigem Spezialmodell

Best.-Nr.	passend für	Brutto DM	Best.-Nr.	passend für	Brutto DM
71 N–218	DKW RT 125, 125/2, Miele	4,–	71 N–225	Adler M 200, 250, MB 200, 250	4,–
71 N–219	DKW RT 125/2H, 175, 200/2		71 N–226	Zündapp-Elastik 200, 250	
71 N–220	DKW RT 200, 250, 250/2		71 N–227	NSU - Lux, Max	
71 N–221	Viktoria KR 26, Bergmeister		71 N–228	Triumph BDG250H/L/SL, Boss	
71 N–223	Horex-Regina		71 N–229	Triumph-Cornet	
71 N–224	Expreß-Radex, Ardie BD 176		71 N–230	Ardie BZ 250/350	

Dreipunkt- u. Schellenbefestigung

Sportschwinger
Bestell-Nr. **71 N–93** Brutto DM **36,–**

Progressivschwinger
Bestell-Nr. **71 N–146** Brutto DM **36,–**

Progressivschwinger mit Spezial-Kotflügelbefestigung

BMW
Best.-Nr. **71 N–174** Brutto DM **36,–**

Maico
Best.-Nr. **71 N–211** Brutto DM **35,–**

Dürkopp
Best.-Nr. **71 N–200** Brutto DM **35,–**

Propeller - Krad - Spiegel

verchromt, 120 x 60 mm, Glas gewölbt, federnd eingelegt, Spiegelkopfinneres durch Regenwulst auf der Rückseite witterungsgeschützt (DBGM). Kugelgelenk vollkommen abgedeckt, kein Klappern. Ein Spiegel, der wirklich allen Anforderungen gerecht wird. Vieltausendfach bewährt. Stangenlänge 325 mm.
Best.-Nr. 35–371 Brutto DM 6,15

Propeller - Sattelüberzüge
aus **Kunstleder** mit **40 mm echter** Schaumgummi-Einlage
Beste Paßform, sauber verarbeitet. Unübertroffene Sonderleistung unseres Propeller - Hauses.

Für alle Zugfedersättel

Best.-Nr.	Farbe	Brutto
35–381	schwarz	8,25
35–382	rot	8,25

Für Progressivfedersättel

Best.-Nr.	Farbe	Brutto
35–391	schwarz	8,25
35–392	rot	8,25

Propeller - Sattelgriffüberzüge
Mit Schaumgummi-Einlage. In rot und schwarz zu den Sattel-Überzügen passend. Kein Abfärben des Sattelgriffes mehr und somit kein Anschmutzen der Hände u. Kleidung der Sozia. Gleichzeitig eine Geschmackvolle Verschönerung der Maschine
Best.-Nr. **35–421** schwarz Brutto DM **1,50**
Best.-Nr. **35–422** rot Brutto DM **1,50**

Propeller - Tankschutzdecken, ein Qualitätserzeugnis
mit kräftiger Schaumstoffpolsterung in geschweißter Ausführung

Hochglanz-Plastikoberfläche, extra lange Lederriemen, Schnallen ebenfalls mit Schaumgummi unterlegt. Lieferbar: rot, grün, blau, schwarz, grau, silber. Bitte gewünschten Farbton und Motorradtype angeben.
Best.-Nr. 35–451 ohne Werzeugklappe Brutto 5,50
Best.-Nr. 35–452 mit Werkzeugklappe Brutto 5,90
Best.-Nr. 35–453 für NSU - Lux und Max mit Büffeltank, extra lange Lederriemen, Brutto DM **5,90**

Pagusa-Werbeblatt aus den späten fünfziger Jahren. »Lassen Sie sich nicht täuschen durch stärkeres Schaumgummi bei anderen Fabrikaten,« hieß es im Werbetext auf der Rückseite.

Franke & Co. in Siegen stellte vielerlei Motorradzubehör her, so auch Doppelsitzbänke.

Informationen zur Franke-Sitzbank aus dem Jahr 1952.

Wenn Sie Ihren neuen Franke-Doppelsitz fahren, so achten Sie darauf, wo die Fußrasten angebracht sind. Im allgemeinen wird die Fußrasteneinstellung zu weit rückwärts liegen. Haben Sie diese Feststellung gemacht, so versuchen Sie, Ihre Fußrasten so weit nach vorne zu bringen, daß Sie bequem im richtigen Neigungswinkel der Beine Ihren Sitz einnehmen können. Sollte Ihnen dieses nicht möglich sein, so wenden Sie sich bitte an Ihren Händler oder an uns, ob wir Ihnen dafür eine andere Fußraste anbieten können. In Vorbereitung befindet sich eine Raste, die allen diesen Erfordernissen entspricht. Im allgemeinen wird es zweckmäßig sein, die Fußrasten um ca. 50-80 mm mehr nach vorne anzubringen.

Alle Franke-Doppelsitze werden, falls keine besonderen Wünsche geäußert werden, in schwarzem Kunst-Ledertuch mit weißer Biese geliefert. Die Verwendung von buntem Ledertuch kann auf besonderen Wunsch erfolgen; hierdurch entsteht eine kleine Verteuerung, da diese Überzüge besonders hergestellt werden müssen.

Der Preis für Nr. 700 = DM 98,-
Der Preis für Nr. 701 = DM 93,-
Der Handgriff erfordert einen Mehrpreis von DM **7,-**

Bei Rückfragen wenden Sie sich bitte an die

Siegerländer Fahrzeugteilefabrik
Franke & Co. K.G., Siegen in Westfalen

Wir wünschen Ihnen eine gute Fahrt auf dem Franke Doppelsitz!

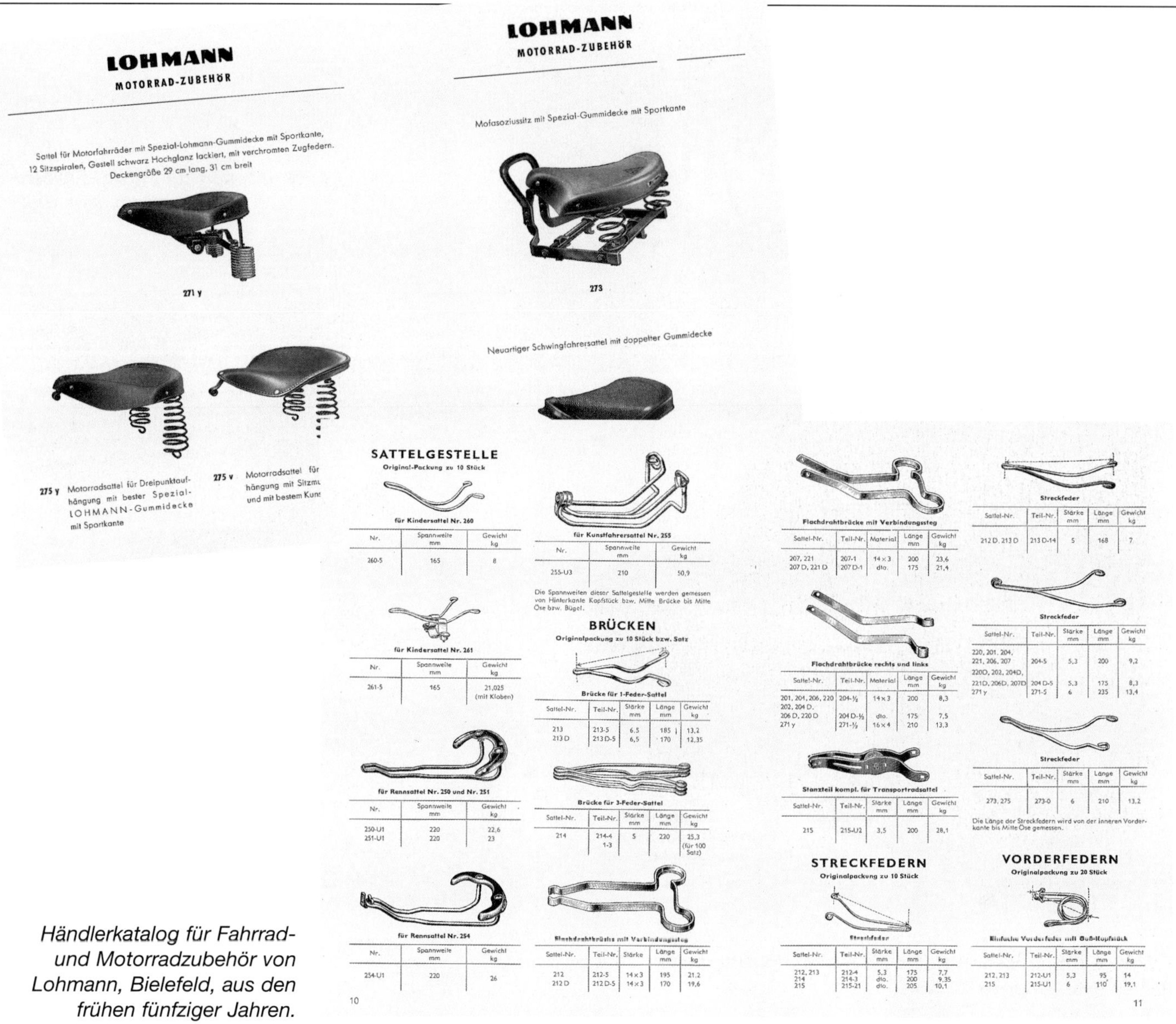

LOHMANN
MOTORRAD-ZUBEHÖR

Sattel für Motorfahrräder mit Spezial-Lohmann-Gummidecke mit Sportkante, 12 Sitzspiralen, Gestell schwarz Hochglanz lackiert, mit verchromten Zugfedern. Deckengröße 29 cm lang, 31 cm breit

271 y

275 y Motorradsattel für Dreipunktaufhängung mit bester Spezial-LOHMANN-Gummidecke mit Sportkante

275 v Motorradsattel für hängung mit Sitzmu und mit bestem Kun

LOHMANN
MOTORRAD-ZUBEHÖR

Mofasoziussitz mit Spezial-Gummidecke mit Sportkante

273

Neuartiger Schwingfahrersattel mit doppelter Gummidecke

SATTELGESTELLE

Original-Packung zu 10 Stück

für Kindersattel Nr. 260

Nr.	Spannweite mm	Gewicht kg
260-5	165	8

für Kindersattel Nr. 261

Nr.	Spannweite mm	Gewicht kg
261-5	165	21,025 (mit Kloben)

für Rennsattel Nr. 250 und Nr. 251

Nr.	Spannweite mm	Gewicht kg
250-U1 251-U1	220 220	22,6 23

für Rennsattel Nr. 254

Nr.	Spannweite mm	Gewicht kg
254-U1	220	26

für Kunstfahrersattel Nr. 255

Nr.	Spannweite mm	Gewicht kg
255-U3	210	50,9

Die Spannweiten dieser Sattelgestelle werden gemessen von Hinterkante Kopfstück bzw. Mitte Brücke bis Mitte Öse bzw. Bügel.

BRÜCKEN

Originalpackung zu 10 Stück bzw. Satz

Brücke für 1-Feder-Sattel

Sattel-Nr.	Teil-Nr.	Stärke mm	Länge mm	Gewicht kg
213 213 D	213-5 213 D-5	6,5 6,5	185 170	13,2 12,35

Brücke für 3-Feder-Sattel

Sattel-Nr.	Teil-Nr.	Stärke mm	Länge mm	Gewicht kg
214	214-4 1-3	5	220	25,3 (für 100 Satz)

Flachdrahtbrücke mit Verbindungssteg

Sattel-Nr.	Teil-Nr.	Stärke	Länge mm	Gewicht kg
212 212 D	212-5 212 D-5	14×3 14×3	195 170	21,2 19,6

10

Flachdrahtbrücke mit Verbindungssteg

Sattel-Nr.	Teil-Nr.	Material	Länge mm	Gewicht kg
207, 221 207 D, 221 D	207-1 207 D-1	14×3 dto.	200 175	23,6 21,4

Flachdrahtbrücke rechts und links

Sattel-Nr.	Teil-Nr.	Material	Länge mm	Gewicht kg
201, 204, 206, 220	204-½	14×3	200	8,3
202, 204 D, 206 D, 220 D	204 D-½	dto.	175	7,5
271 y	271-½	16×4	210	13,3

Stanzteil kompl. für Transportradsattel

Sattel-Nr.	Teil-Nr.	Stärke mm	Länge mm	Gewicht kg
215	215-U2	3,5	200	28,1

STRECKFEDERN

Originalpackung zu 10 Stück

Streckfeder

Sattel-Nr.	Teil-Nr.	Stärke mm	Länge mm	Gewicht kg
212, 213 214 215	212-4 214-3 215-21	5,3 dto. dto.	175 200 205	7,7 9,35 10,1

Streckfeder

Sattel-Nr.	Teil-Nr.	Stärke mm	Länge mm	Gewicht kg
212 D, 213 D	213 D-14	5	168	7

Streckfeder

Sattel-Nr.	Teil-Nr.	Stärke mm	Länge mm	Gewicht kg
220, 201, 204, 221, 206, 207	204-5	5,3	200	9,2
220D, 202, 204D, 221D, 206D, 207D	204 D-5	5,3	175	8,3
271 y	271-5	6	235	13,4

Streckfeder

Sattel-Nr.	Teil-Nr.	Stärke mm	Länge mm	Gewicht kg
273, 275	273-0	6	210	13,2

Die Länge der Streckfedern wird von der inneren Vorderkante bis Mitte Öse gemessen.

VORDERFEDERN

Originalpackung zu 20 Stück

Einfache Vorderfeder mit Guß-Kopfstück

Sattel-Nr.	Teil-Nr.	Stärke mm	Länge mm	Gewicht kg
212, 213 215	212-U1 215-U1	5,3 6	95 110	14 19,1

11

Händlerkatalog für Fahrrad- und Motorradzubehör von Lohmann, Bielefeld, aus den frühen fünfziger Jahren.

Nur das beste Öl ist das billigste! Auch in diesem Inserat von 1926 wird der Motorradfahrer mit dem vertraulichen »Du« angeredet.

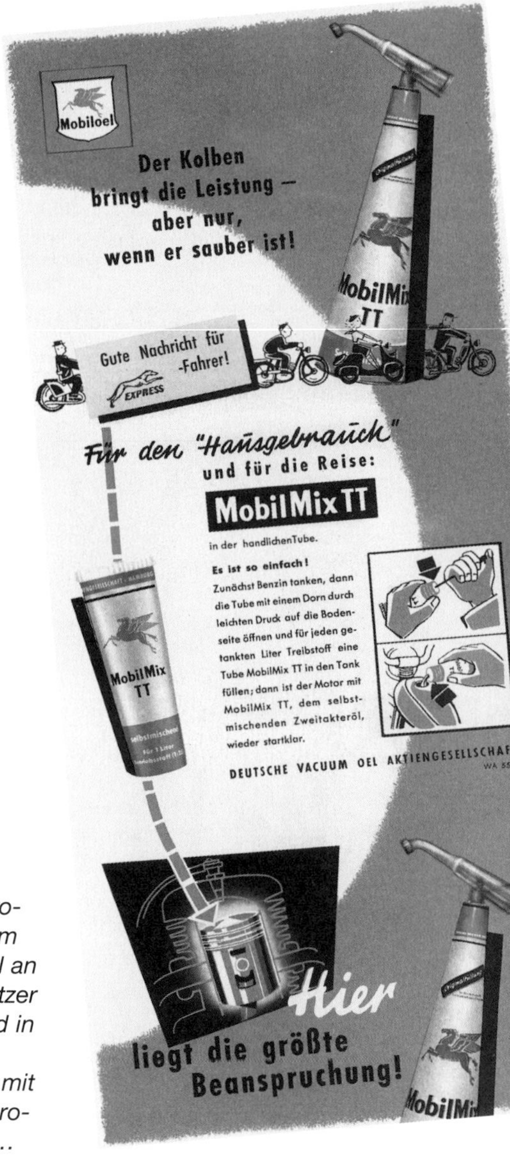

Ein kleiner Prospekt, mit dem sich Mobil Oil an Express-Besitzer wendete. Und in welchem der Kunde sogar mit »Sie« angesprochen wurde …

Das

SACHS-Motoröl

in der Originaldose

ist ein besonders auf die Erfordernisse des SACHS-MOTORS abgestimmtes Qualitätsöl. Es entspricht als ausgesprochenes Spezialöl den höchsten Anforderungen hinsichtlich der Schmierfähigkeit.

Das Spezialöl bildet an den bewegten Triebwerksteilen einen Ölfilm, der den hohen Verbrennungsdrücken und Temperaturen vollauf gewachsen ist.

Der Inhalt der Originaldose, mit 5 Liter Brennstoff gut vermischt, ergibt das erprobte, richtige Mischungsverhältnis 1 : 25.

Die Qualität des Öles und die genaue Dosierung bieten Gewähr dafür, daß Rückstände, Verharzung und Ölkohleansatz vermieden werden, also die Gewähr für lange Lebensdauer und gute Leistung des Motors.

Sie fahren richtig, wenn Sie immer
SACHSMOTOR-SPEZIALÖL
verwenden.

Sachs Spezial-Motoröl, als es üblich war, Zweitaktschmiermittel im Verhältnis 1:25 beizumischen. Ein Werbefaltblatt von 1951.

1952 herausgegebener Prospekt der BV Aral für Zweitaktöl. Die Illustration zeigt hinter dem Motorrad einen DKW Schnellaster und im Vordergrund einen Goliath. Die Argumente für das BV-Öl lauteten: Selbstmischend, antikorrosiv, reinigend, rückstandfrei.

Optimol, das Sportöl aus München … Werbeblatt aus dem Jahr 1955.

Ein weiteres berühmtes Motoröl war das X-100 von Shell für Viertaktmotoren. Dieses Werbeblatt erschien im Jahre 1939 und wies darauf hin, daß Deutschland mit 45,5 Prozent am Weltbestand aller Motorräder ganz vorn liege.

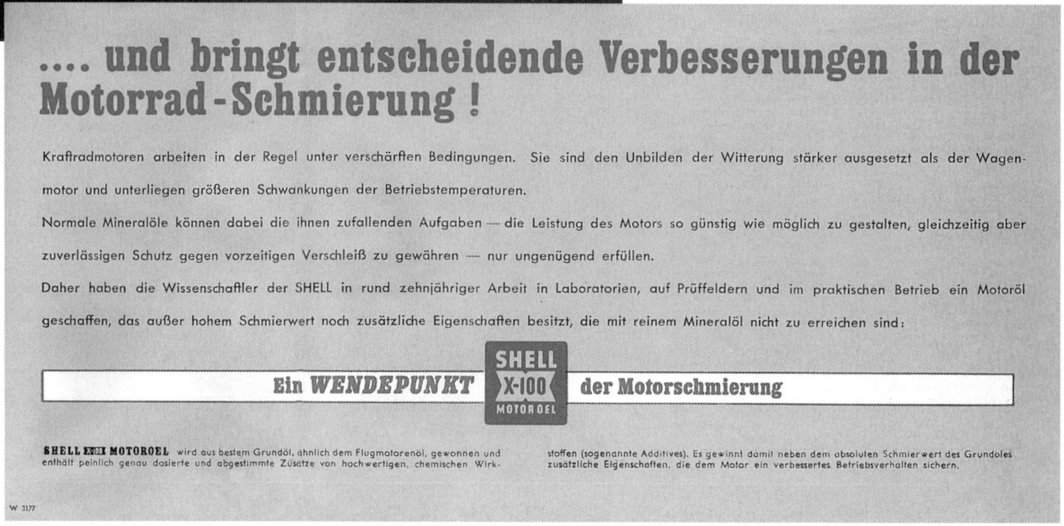

Die Grafik auf dem Prospekttitel könnte aus den sechziger Jahren stammen – doch die Darstellung des Motorrades verrät, daß sie drei Jahrzehnte früher angefertigt wurde.

Velomix – ein Zweitaktöl, das in den fünfziger Jahren angeboten wurde.

Die aus Papier gestanzte Öldose zum Aufklappen war eine originelle Idee (später auch von Castrol verwendet) …

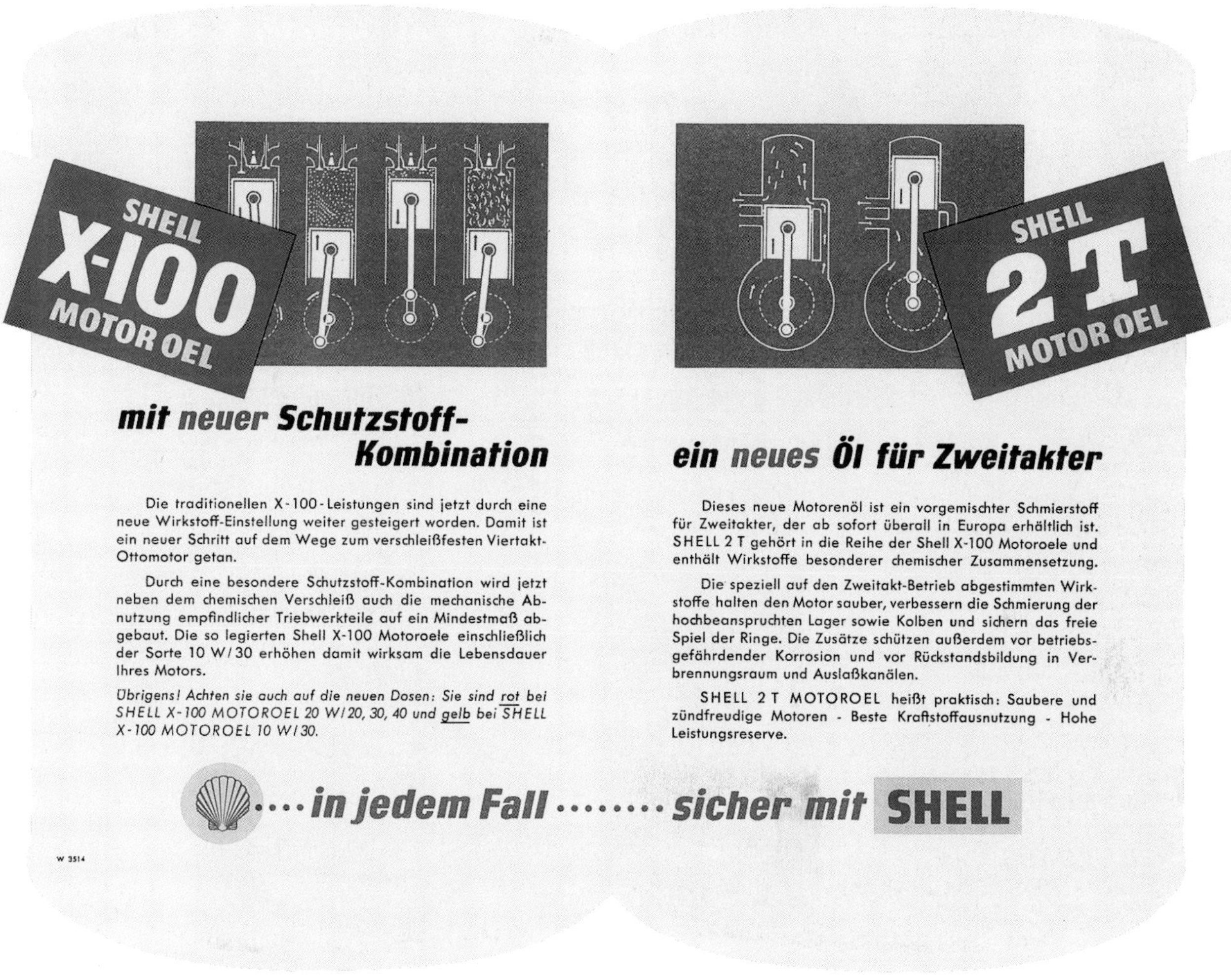

... Die Werbung galt Ende 1938 dem neuen Shell X-100 für Viertaktmotoren und dem 2T Motoröl für Zweitakter.

Spezialmittel zur Motorpflege bot der Fachhandel bereits sehr früh an. Das Inserat für Desolite stammt von 1968, das Werbeblatt für den Auspuffreiniger TM ist von 1969.

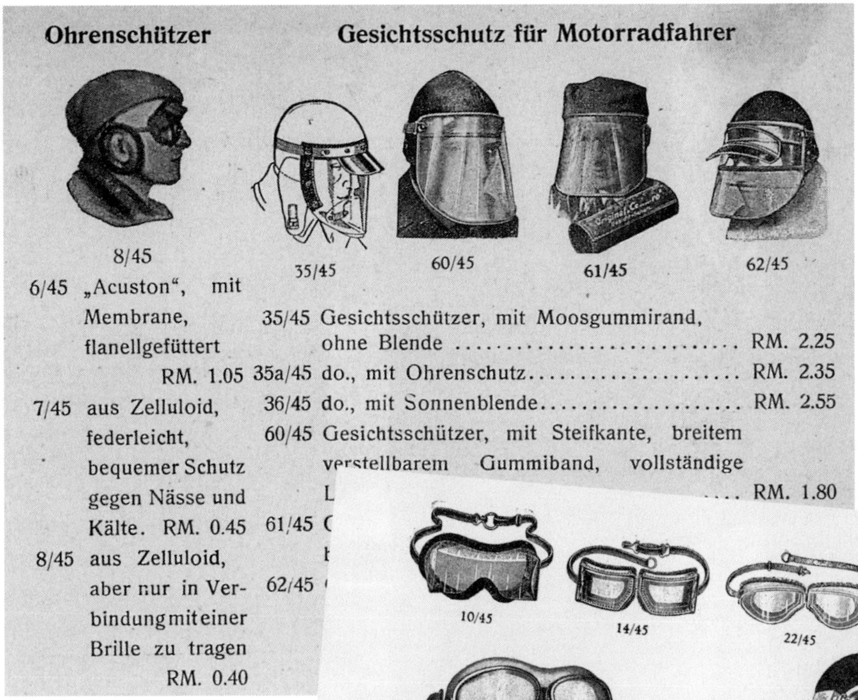

Ohrenschützer — **Gesichtsschutz für Motorradfahrer**

8/45 — 35/45 — 60/45 — 61/45 — 62/45

6/45 „Acuston“, mit Membrane, flanellgefüttert RM. 1.05

7/45 aus Zelluloid, federleicht, bequemer Schutz gegen Nässe und Kälte. RM. 0.45

8/45 aus Zelluloid, aber nur in Verbindung mit einer Brille zu tragen RM. 0.40

35/45 Gesichtsschützer, mit Moosgummirand, ohne Blende .... RM. 2.25

35a/45 do., mit Ohrenschutz.................... RM. 2.35

36/45 do., mit Sonnenblende.................. RM. 2.55

60/45 Gesichtsschützer, mit Steifkante, breitem verstellbarem Gummiband, vollständige L... .... RM. 1.80

61/45 C...

b...

62/45 ...

Aus einem Katalog für Motorradfahrer-Bekleidung von 1935. Cellon-Gesichtsschutz statt Visierhelm: Das waren noch Zeiten …

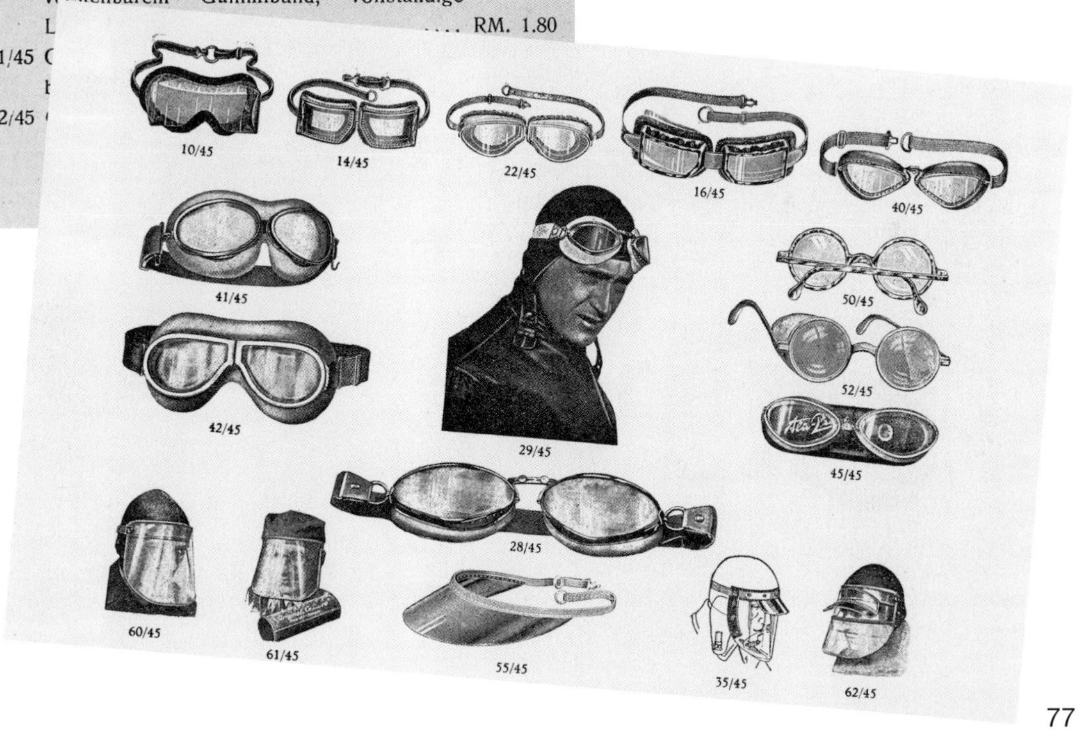

Sportbrillen für jeden Zweck und jeden Geschmack! Ein Angebot aus dem Jahr 1936.

RENNBRILLEN

SPECIAL LOCATING POSITIONS TO TAKE INSTANTLY FITTED
ANTI-GLARE TINTED EYEPIECES

De Luxe Rennbrille
Diese Rennbrille ist in einer
erstklassigen Ausstattung mit
2-facher Elasto-Auflage,wel-
che zugfreien Sitz ermöglicht

Die Brille hat große splitter-
freie Troplex Panoramagläser
mit einer neuartigen Spezial-
entlüftung, wodurch ein Be-
schlagen der Gläser ver-
hindert wird.
Der Nasensteg ist elastich
und paßt sich jeder Gesichts-
form gut an. Ein breites Spe-
zialband gibt der Brille
einen festen Sitz.
Außerdem sind der Brille 2
Paar verschiedenfarbige Son-
nenschutzscheiben beigepackt,
die schnell und leicht in
eine vorgesehende Halteein-
richtung vorgesteckt werden
können. Ein Etui wird mitgeliefert. Die Brille
ist für alle Sturzhelmtypen passend.
Nr.: 331
Ersatzglas, Stück
Ersatzband, Stück

Mark 7 Rennbrille
Diese international er-
probte und bewährte Brille
hat viele Freunde unter
den Motorradsportlern ge-
wonnen.
Die abgewinkelten Sicher-
heitsgläser-gewährleisten
hervorragende Rundsicht.
Ventilation durch beson-
dere Luftöffnungen um ein
Beschlagen zu verhindern.
Praktische Regulierung des
Abstandes der Gläser durch
Handeinstellung.
Diese Brille ist mit
weicher Schaumgummiauflage
und Gummiband versehen und
für alle Helmtypen zu ver-
wenden.

Nr.: Mark 7
Ersatzglas,
klar Stück
Sonnenglas,
grün Stück
Ersatzband

Mark 8 Rennbrille
Die Ausführung dieser Brille entspricht der
Mark 7 Rennbrille, nur anstelle der Schaum-
gummiauflage ist ein weichgepolsterter Rücken
aus echtem Leder angebracht.
Auch diese Brille ist durch beigegebener
Spezialhalterung für alle
Helmtypen zu verwenden.

Nr.:Mark 8
Ersatzglas,Stück
Sonnenglas,Stück
Ersatzband

Mark 9 Rennbrille (o.Abb.)
Ausführung wie Mark 7,je-
doch mit weichgepolstertem
Rücken aus echtem Leder und
Nasenrücken.Schnellverstel-
lung mit Regulierschraube.
Für alle Helmtypen zu ver-
wenden

Nr.:Mark 9
Zubehör siehe Mark 8

- 14 -

RENNBRILLEN

Avus Rennbrille
Spezial Rennbrille in erstklas-
siger Verarbeitung, weiche
Moosgummikrempe mit zusätz-
licher Elasto-Moll-Auflage,
Brillenkörper aus luftdurch-
lässigem federnd abgeschütz-
tem Trikot,Gummiband 30 m/m
breit, splitterfreie Sicher-
heitsgläser, kratzfest und
nachtbrauchbar.

Nr.: 4501

Die gleiche Brille mit Sonnen-
schutzgläsern.
Nr.: 4505

Ersatzglas,klar,Stück
Sonnenschutzglas
1/3 rosal 2/3 klar

Universal - Sport - Brille
Diese Brille ist mit splitter-
freien Panoramagläsern ausge-
stattet. Weiche Moosgummikrempe
mit verstärkter Elasto-Moll-Auf-
lage,Gummiauflage 30m/m breit

Nr.: 4511
Ersatzglas, Stück
Ersatzband, Stück

Die gleiche Brille mit elast.
Nasensteg und kleineren Panorama
Sicherheitsgläsern
Nr.: 327

Rennbrille für Brillenträger
Schwarze Moosgummikrempe, ver-
stärkte Elasto-Moll-Auflage.
Diese Brille ist so gearbeitet
daß optische Brillen darunter
getragen werden können. Die
Moosgummikrempe mit Elasto -
Moll - Auflage liegt weich und
schmiegsam an. Die Gläser sind
gewölbte splitterfreie Gläser.

Nr.: 4551
Ersatzglas,Stück
Ersatzband,Stück

Universal - Brille
Eine Brille für höchste An-
sprüche mit zweigeteilten
splitterfreien Gläsern und
weicher Elasto-Moll-Auflage.
Die Gläser verkratzen nicht,
sodaß bei schlechtem Wetter
jederzeit durch Überwischen
wieder klare Sicht geschaffen
werden kann.

Nr.: 4561
Ersatzband, Stück
Ersatzglas, Stück

- 15 -

Rennbrillen für Motorradfahrer: Eine Auswahl, die Detlev Louis, Hamburg, 1966 in seinem Zubehörkatalog offerierte.

Motorradbrille und Halbschalenhelm von Ideal – das waren in den fünfziger Jahren feststehende Begriffe. Der Sturzhelm kostete DM 29,50 in Schwarz oder Baun, DM 30,50 in einer Vielzahl von anderen Farben.

Hauben und Helme der Marke Nordpol. Bei den Hauben unterschied man zwischen einem deutschen, einem österreichischen und einem schweizerischen Modell, daneben gab es eine Haube für Roller- und eine für Traktorfahrer. Das Faltblatt stammt von 1954.

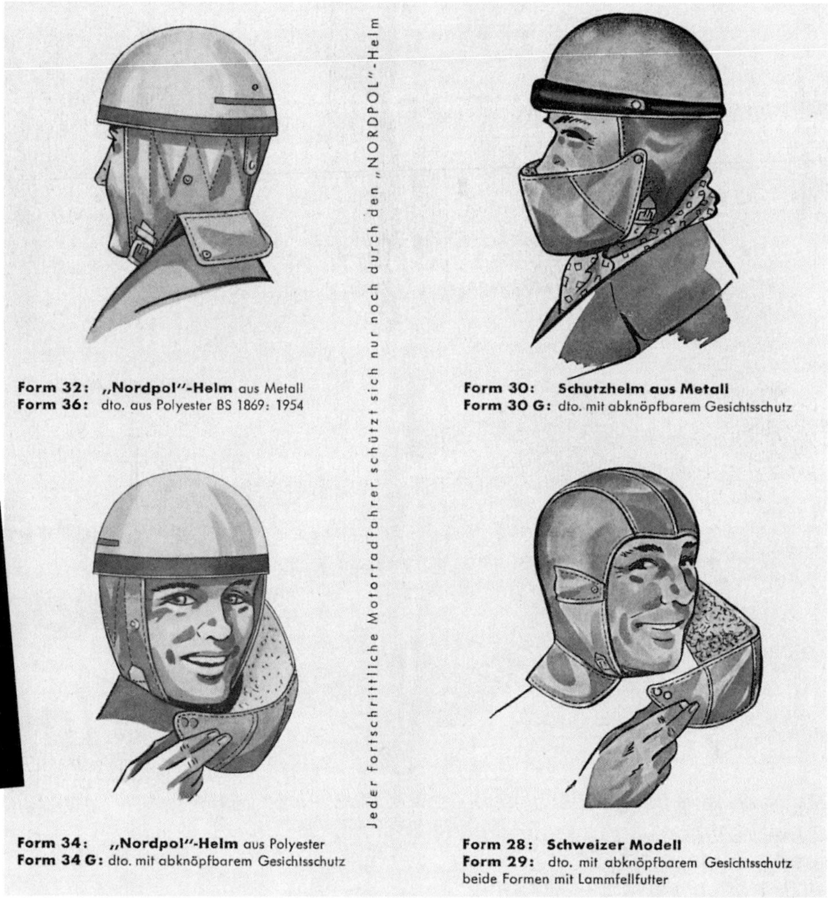

Der Pivot Visor ist ein hervorragender Augenschutz, so wohl für den Motorrad- und Autosportler. Für Brillenträger ist dieser Visor zu empfehlen. Die Anbringung ist sehr leicht und absolut fest. Die Sichtfläche ist klar und das Oberteil ist gleichzeitig mit einem Blendschutz versehen. Er ist rückklappbar und daher bequem und handlich. Der Augenschutz eignet sich so wohl für Jet - Helme und normale Sturzhelme.
Nr.: 388

Der gleiche Visor ohne Klappverstellung
Nr.: 312

Der neue Perspex Vollsicht - Visor ist für größte Sicht und Fahrkomfort, Starke gewölbte Plexiglasscheibe mit Nasenausschnitt, für Brillenträger besonders geeignet. Sicherheitsbefestigung ist schnell an jeden Helm anzubringen. Der Visor ist mit einem arritierten Drehbügel ausgestattet.

Dieser Visor ist bei internationalen Sportveranstaltungen und Rallyes erprobt.
Nr.: 393 DM

Den gleichen Perspex Vollsicht - Visor in der Ausführung Nr.393 gibt es jetzt auch für Helme mit Schirm. Mit einer Patenthalterung, welche auf den Helmschirmrand unverrückbar befestigt werden kann.
Nr.: 395

Gesichtschutz mit Helmschirm

Dieser Gesichtschutz ist für Helme mit Schirm aber auch ohne Schirm zu verwenden. Große klare rundgeformte Scheibe und am Oberteil ein Blendschutz

Leichte Befestigung durch ein stabiles Halteband.

Nr.: 310 B m/schwarzem Schirm
Nr.: 310 W m./weißem Schirm

1966 von Detlev Louis angebotene Helme. Der Hamburger Importeur bezog sie aus den USA.

Nordpol bot in den fünfziger Jahren Schutzhelme in Aluminium sowie in Polyester an. Das Aluhelm kostete DM 30,– und wog 460 Gramm, der Kunststoffhelm war 100 Gramm schwerer und kostete DM 33,60.

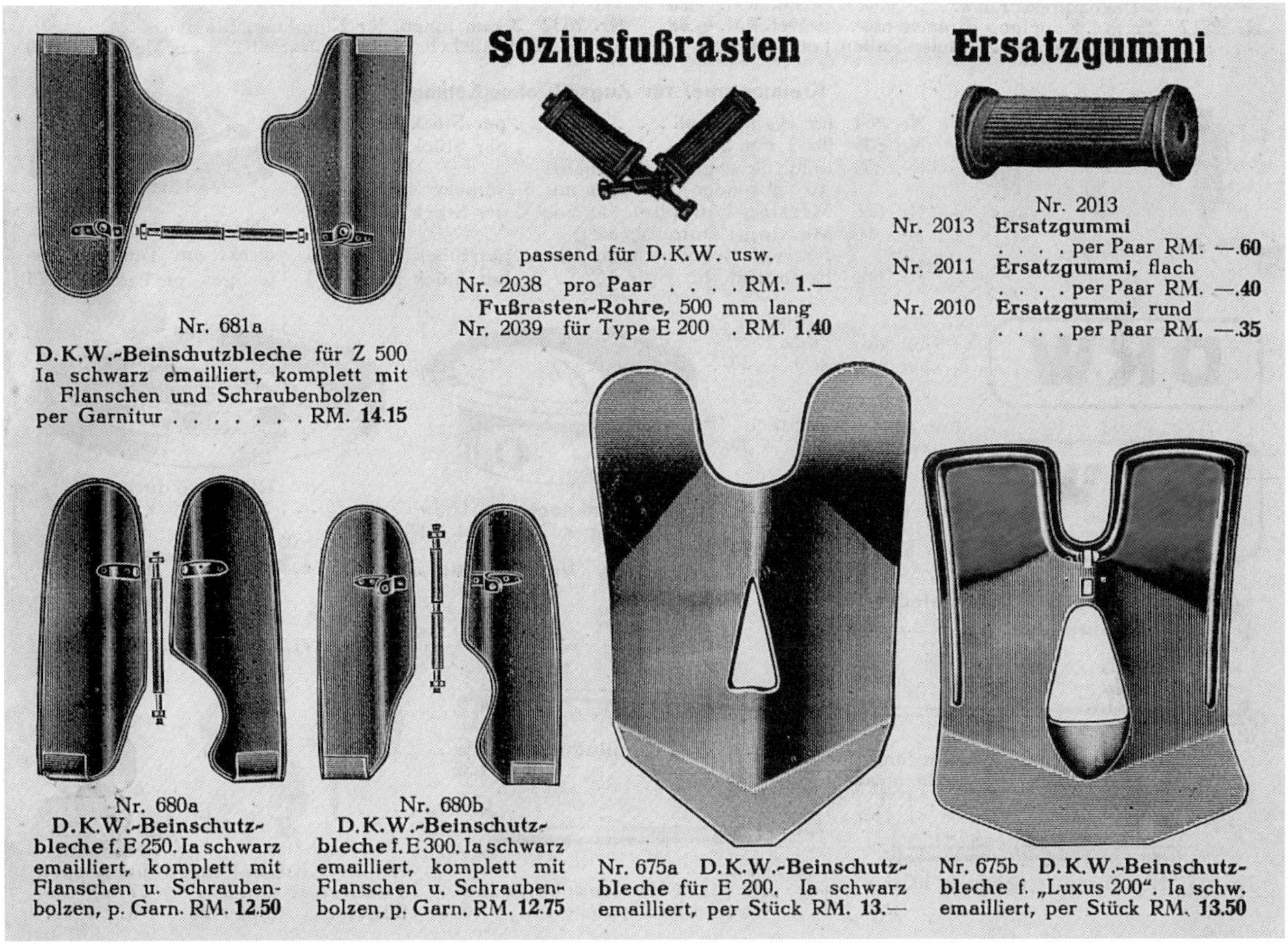

Nr. 681a
D.K.W.-Beinschutzbleche für Z 500
Ia schwarz emailliert, komplett mit
Flanschen und Schraubenbolzen
per Garnitur . . . . RM. **14.15**

Soziusfußrasten

passend für D.K.W. usw.
Nr. 2038 pro Paar . . . . RM. **1.—**
Fußrasten-Rohre, 500 mm lang
Nr. 2039 für Type E 200 . RM. **1.40**

Ersatzgummi

Nr. 2013
Nr. 2013 **Ersatzgummi**
. . . . per Paar RM. **—.60**
Nr. 2011 **Ersatzgummi,** flach
. . . . per Paar RM. **—.40**
Nr. 2010 **Ersatzgummi,** rund
. . . . per Paar RM. **—.35**

Nr. 680a
D.K.W.-Beinschutzbleche f. E 250. Ia schwarz emailliert, komplett mit Flanschen u. Schraubenbolzen, p. Garn. RM. **12.50**

Nr. 680b
D.K.W.-Beinschutzbleche f. E 300. Ia schwarz emailliert, komplett mit Flanschen u. Schraubenbolzen, p. Garn. RM. **12.75**

Nr. 675a **D.K.W.-Beinschutzbleche** für E 200. Ia schwarz emailliert, per Stück RM. **13.—**

Nr. 675b **D.K.W.-Beinschutzbleche** f. „Luxus 200". Ia schw. emailliert, per Stück RM. **13.50**

Motorrad-Beinschilde aus einem Zubehörkatalog von 1928, die man nachträglich anbringen konnte.

Eine etwas fragwürdige Erfindung war der Spritzschutz »Rolly«, der nach Art einer Jalousie aufzurollen war und bei Nichtgebrauch unterhalb vom Tank verschwand …

Durch einen Zaubertrick wird das Moped zum Roller oder doch beinahe. Zumindest sorgte das nachträglich zu montierende Beinschild aus Leichtmetall für einen ordentlichen Schutz. Hersteller war die Firma Paul Leistritz in Nürnberg.

Die Behauptung, daß die Rofix-Verkleidung das Moped zum Roller mache, war gar nicht so weit hergeholt, denn das Ding wies auch Fußbretter auf.

Die Riska-Verkleidung gab selbst den Kleinsten einen Hauch von Racing-Look. Aber der TÜV mußte nach erfolgter Montage seinen Segen geben.

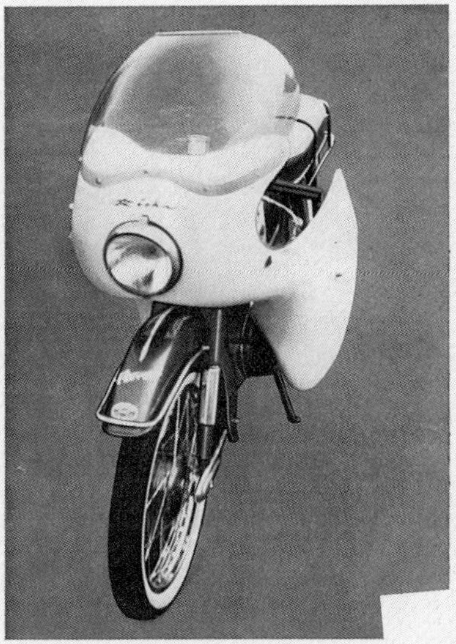

Modell „Racing"

Riska

Rennsportverkleidung

für

Jet 50 ccm, Kreidler, Zündapp 50 ccm (Telegabel) **Hercules K 50 S, Zweirad Union 139 und 159 TS.**

BMW (Zweizylinder), **Honda CB 72 u. CB 77**

DM 328.- (Satz Befestigungsteile + 49.-)

Riska-Verkleidungen sind vom TÜV geprüft, sie entsprechen der Straßenverkehrszulassungsordnung. Nach Montage der Verkleidung ist jedoch jede Maschine einzeln dem TÜV vorzuführen, damit die ordnungsgemäße Montage überprüft werden kann.

Modell „Supersport"

Riska

Sportverkleidung

für

Kreidler, Zündapp 50 ccm (Telegabel)

Honda C 110, C 114, Hercules K 50 S

DM 298.-

Wetterschutz - Kälteschutz - Einfache Montage

Riska-Verkleidungen sind vom TÜV geprüft, sie entsprechen der Straßenverkehrszulassungsordnung. Nach Montage der Verkleidung ist jedoch jede Maschine einzeln dem TÜV vorzuführen, damit die ordnungsgemäße Montage überprüft werden kann.

Ihr Fachhändler:

Dieser Prospekt wirbt für Verkleidungen mit Panoramascheibe der Firma Gläser in Vienenburg. Viele Polizeimaschinen wurden mit dieser Vollverkleidung ausgestattet.

Werbung für unzerbrechliche Falk-Schutzbleche, wie sie für Gelände- und Moto-Cross-Maschinen angeboten wurden. Das Sortiment war außerordentlich groß und umfaßte Kotflügel für Fabrikate, die nur dem Insider etwas sagen: Gori, Wassel, Montesa, Angilotti, Greeves oder Simonini.

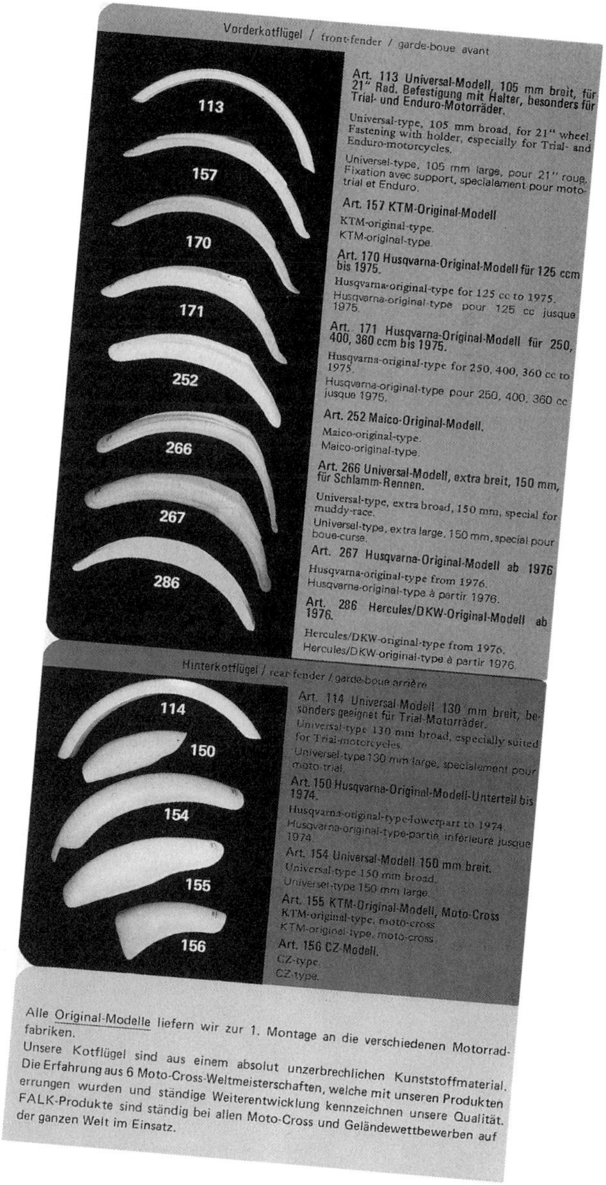

Vorderkotflügel / front-fender / garde-boue avant

113 157 170 171 252 266 267 286

Art. 113 Universal-Modell, 105 mm breit, für 21" Rad. Befestigung mit Halter, besonders für Trial- und Enduro-Motorräder.
Universal-type, 105 mm broad, for 21" wheel. Fastening with holder, especially for Trial- and Enduro-motorcycles.
Universel-type, 105 mm large, pour 21" roue. Fixation avec support, specialement pour moto-trial et Enduro.

Art. 157 KTM-Original-Modell
KTM-original-type.
KTM-original-type.

Art. 170 Husqvarna-Original-Modell für 125 ccm bis 1975.
Husqvarna-original-type for 125 cc to 1975.
Husqvarna-original-type pour 125 cc jusque 1975.

Art. 171 Husqvarna-Original-Modell für 250, 400, 360 ccm bis 1975.
Husqvarna-original-type for 250, 400, 360 cc to 1975.
Husqvarna-original-type pour 250, 400, 360 cc jusque 1975.

Art. 252 Maico-Original-Modell.
Maico-original-type.
Maico-original-type.

Art. 266 Universal-Modell, extra breit, 150 mm, für Schlamm-Rennen.
Universal-type, extra broad, 150 mm, special for muddy-race.
Universel-type, extra large, 150 mm, special pour boue-curse.

Art. 267 Husqvarna-Original-Modell ab 1976
Husqvarna-original-type from 1976.
Husqvarna-original-type à partir 1976.

Art. 286 Hercules/DKW-Original-Modell ab 1976.
Hercules/DKW-original-type from 1976.
Hercules/DKW-original-type à partir 1976.

Hinterkotflügel / rear fender / garde-boue arrière

114 150 154 155 156

Art. 114 Universal-Modell 130 mm breit, besonders geeignet für Trial-Motorräder.
Universal-type 130 mm broad, especially suited for Trial-motorcycles.
Universel-type 130 mm large, specialement pour moto-trial.

Art. 150 Husqvarna-Original-Modell-Unterteil bis 1974.
Husqvarna-original-type-lowerpart to 1974.
Husqvarna-original-type-partie inférieure jusque 1974.

Art. 154 Universal-Modell 150 mm breit.
Universal-type 150 mm broad.
Universel-type 150 mm large.

Art. 155 KTM-Original-Modell, Moto-Cross
KTM-original-type, moto-cross
KTM-original-type, moto-cross

Art. 156 CZ-Modell.
CZ-type.
CZ-type.

Alle Original-Modelle liefern wir zur 1. Montage an die verschiedenen Motorradfabriken.
Unsere Kotflügel sind aus einem absolut unzerbrechlichen Kunststoffmaterial. Die Erfahrung aus 6 Moto-Cross-Weltmeisterschaften, welche mit unseren Produkten errungen wurden und ständige Weiterentwicklung kennzeichnen unsere Qualität. FALK-Produkte sind ständig bei allen Moto-Cross und Geländewettbewerben auf der ganzen Welt im Einsatz.

Panther-Windschutzscheiben für jede Maschine und für Seitenwagen: Innenseite aus einem Prospekt von 1957.

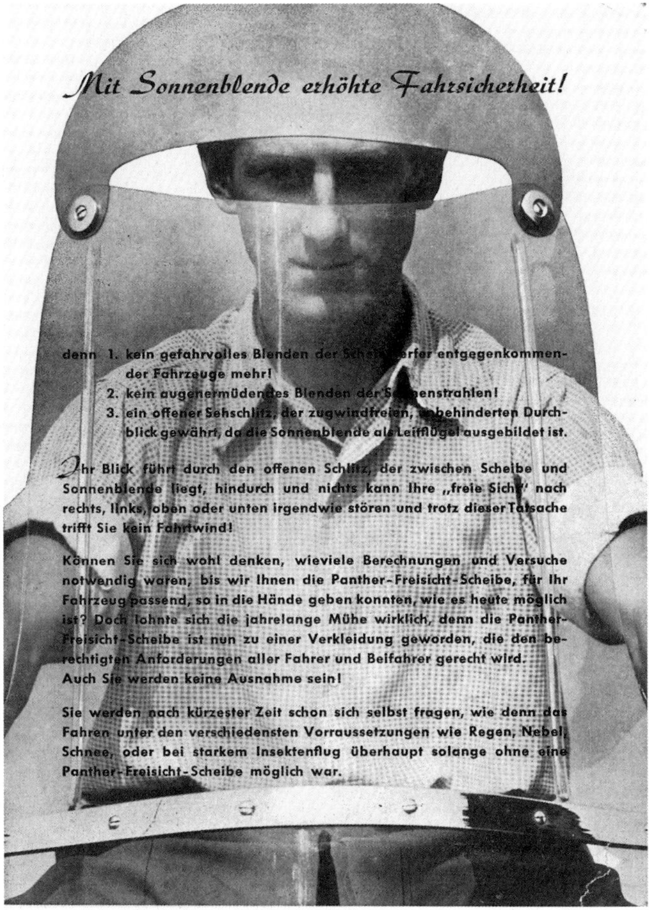

Vor nur zwei Jahrzehnten machten sich manche Motorradfahrer offenbar nicht allzu viele Gedanken über schützende Kleidung. Obwohl es hier nur um eine Windschutzscheibe mit Sonnenblende geht, hätte man den mutig dreinblickenden Herrn nicht so hemdsärmelig im Sattel seiner Maschine abbilden dürfen.

Bichlmeirs Roller-Windschutz anno 1950. Welcher Vespa-Fahrer wollte darauf verzichten?

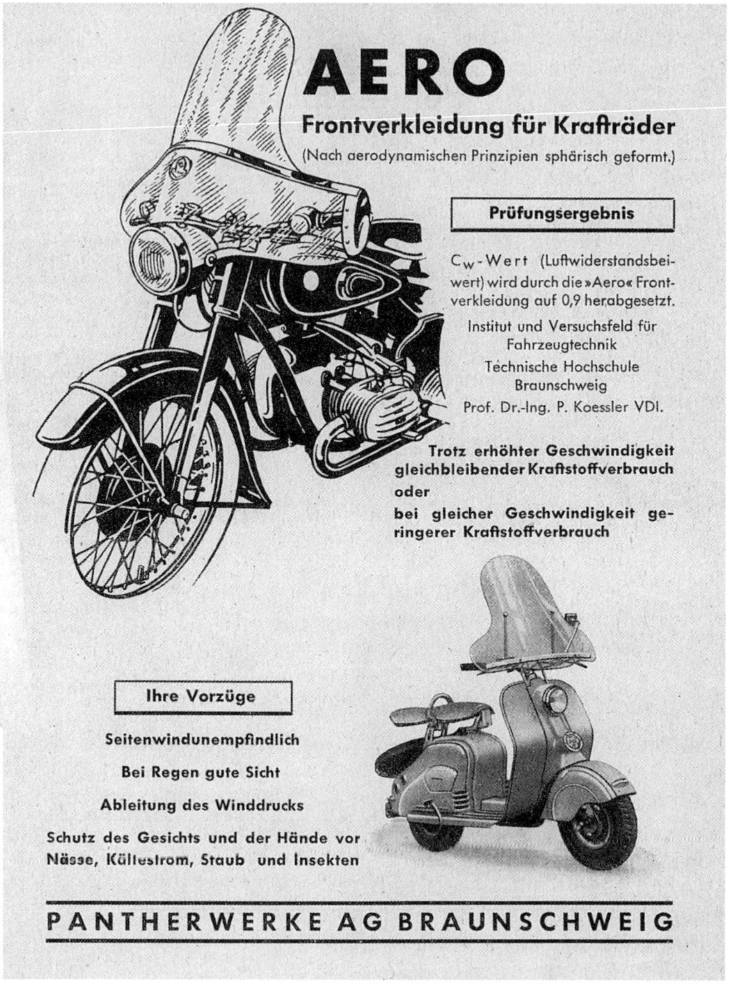

Ein sehr bekanntes Schutzscheiben-Fabrikat war Aero von der Firma Panther. In Bezug auf den günstigen Luftwiderstands-Beiwert warb der Hersteller mit einem Gutachten der Technischen Hochschule Braunschweig. Ein Werbeblatt von 1951.

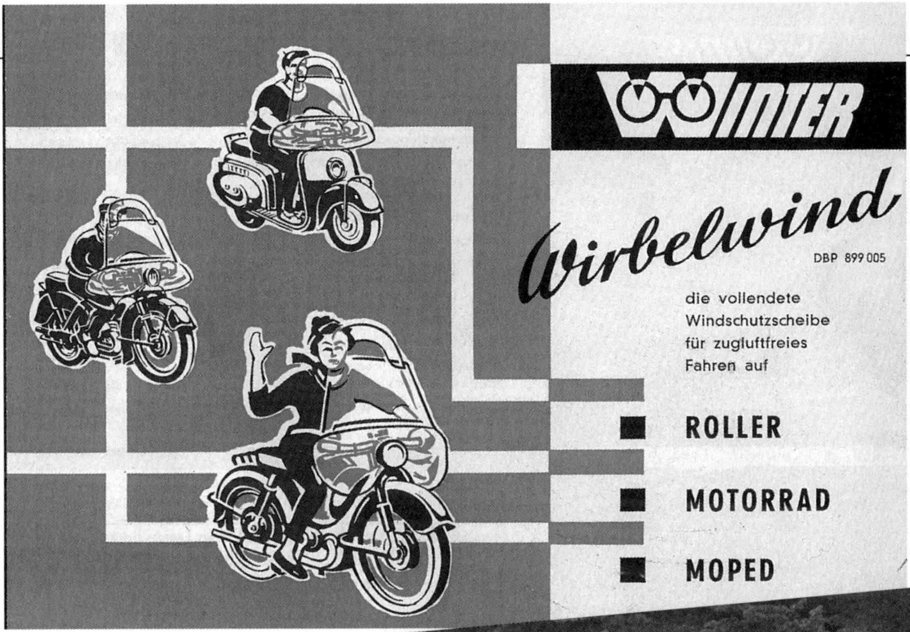

Winter Wirbelwind: Ein weiteres Fabrikat unter vielen der fünfziger Jahre.

Die Pantherwerke AG in Braunschweig stellten seit den zwanziger Jahren nicht nur leichte Motorräder her, sondern auch ein großes Sortiment an Zubehör für andere Fabrikate. Ein Prospekt für Schutzscheiben von etwa 1955.

Zündkerzen-Werbung von Bosch aus dem Jahr 1926.

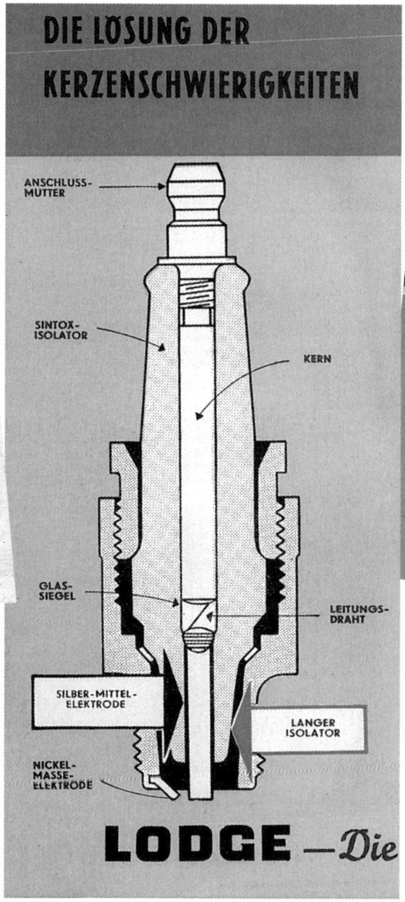

1956 von der britischen Firma Lodge herausgegebener Prospekt. Die versilberte Elektrode war ein starkes Werbeargument.

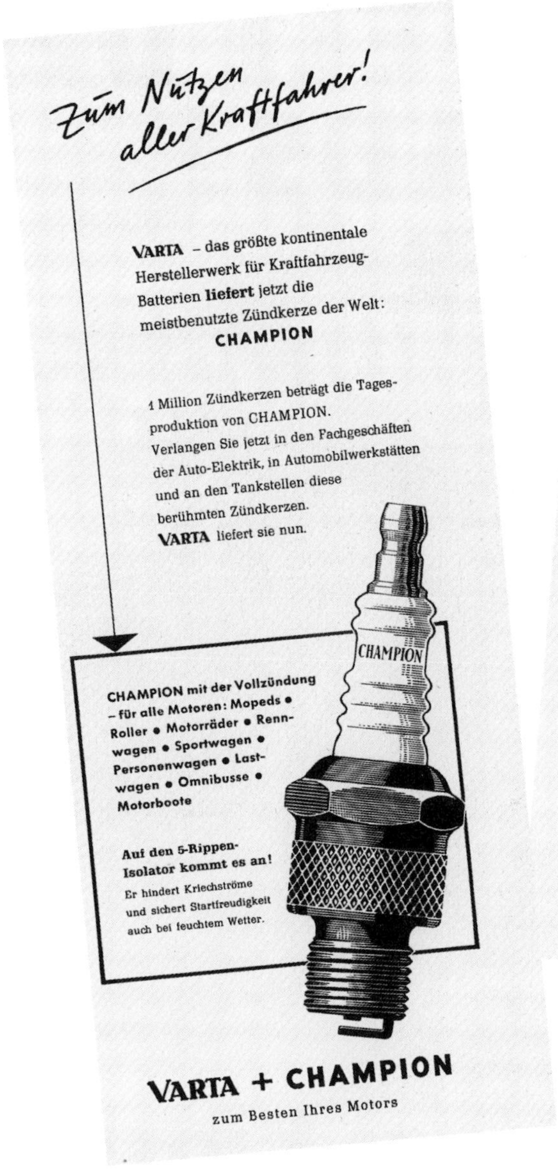

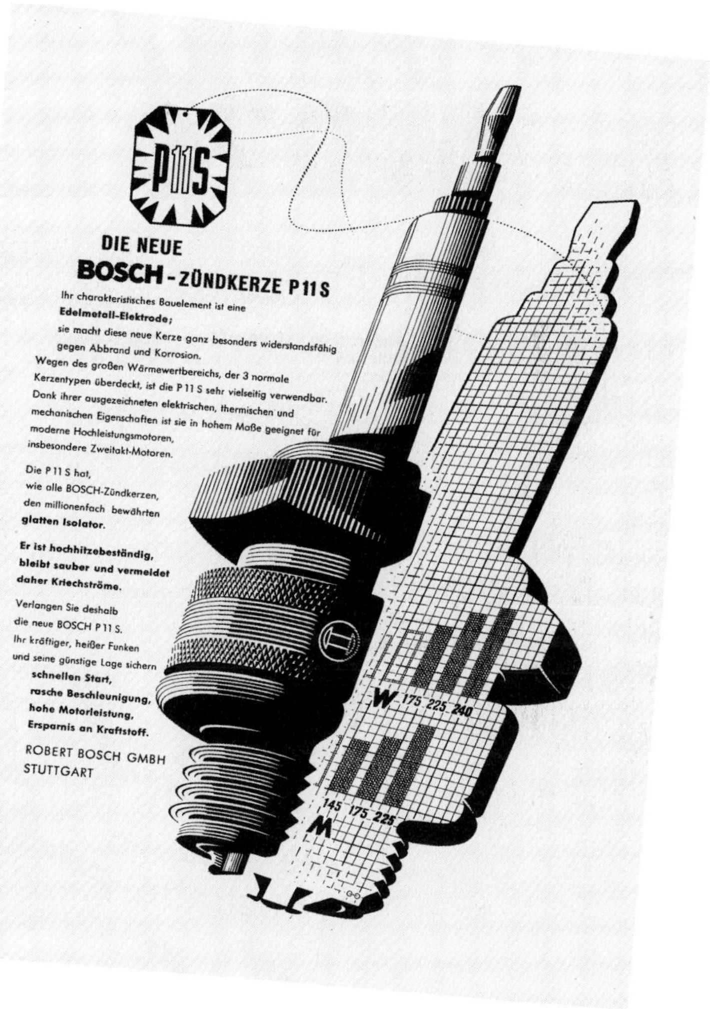

Werbung um die Gunst der Zweiradfahrer-Klientel von Varta/Champion und Bosch. Beide Inserate erschienen Ende 1955 in deutschen Motorfachzeitschriften.